BASTEI
LÜBBE

Aus dieser Taschenbuchreihe sind folgende Romane erhältlich. Fragen Sie Ihren Buch- oder Zeitschriftenhändler.

	Orson Scott Card	
22 027	Robert Asprin Die Käfer-Kriege	
22 028	André Ruellan Paris 2020	
22 029	Thomas M. Disch (Hrsg.) Die letzten Blumen Grüne Science Fiction Stories	
22 030	William Walling . . .und morgen die Sterne	
22 031	M. John Harrison In meiner Hand die Erde	
22 032	Lester del Rey Nervensache	
22 033	Roger Zelazny Götter aus Licht und Dunkelheit	
	Michael Moorcock	
22 034	Miß Brunners letztes Programm	
22 036	Das Cornelius-Rezept	
22 039	Ein Mord für England	
22 041	Das Lachen des Harlekin	
	Robert Sheckley	
22 035	Mr. Jones wundersame Reise	
22 040	1. Preis: Allmächtigkeit	
22 042	Für Menschen ungeeignet	
22 046	Lebensgeister GmbH	
22 037	P. J. Plauger Zeitkorrektur unmöglich	
22 044	Michael Kubiak Höhenflüge Erotische SF-Geschichten	
22 045	F. Paul Wilson Der Heiler	
22 047	Thomas Ziegler Unter Tage	
22 048	Arthur C. Clarke Aufbruch zu den Sternen	
22 049	M. J. Harrison Idealisten der Hölle	

Hal Clement

In der Stickstoff-Klemme

Science Fiction-Roman

BASTEI LÜBBE

BASTEI-LÜBBE-TASCHENBUCH
Science Fiction-Bestseller
Band 22 050

Deutsche Lizenzausgabe 1982
Bastei-Verlag Gustav H. Lübbe, Bergisch Gladbach
Originaltitel: The Nitrogen Fix
Ins Deutsche übertragen von: Stefan Sturm
Titelillustration: Alan Craddock/Agentur Thomas Schlück
Umschlaggestaltung: Quadro-Grafik, Bensberg
Druck und Verarbeitung:
Mohndruck Graphische Betriebe GmbH, Gütersloh
Printed in Western Germany
ISBN 3-404-22050-1

I

LIEFERUNG: VERZÖGERT

Der goldbraune Himmel verlor seine Gleichförmigkeit, im Westen zogen dunkle Wolkenfetzen auf. Noch regte sich kein Wind, nur das Wasser war etwas unruhig, doch Kahvi und Earrin fühlten sich unbehaglich, denn es trennte sie noch ein Kilometer von der Küste. Milton Island lag zwar näher, doch die südliche Bucht würde ihnen nur wenig Schutz bieten können, wenn wirklich Wind aufkam. Die Flöße waren aus Newellgewebe und würden trotz der schweren Ladung nicht untergehen, aber die in wochenlanger Arbeit gesammelte Fracht konnten sie dennoch verlieren. Erst zwischen der Küste und den Sayreinseln würden sie in Sicherheit sein.

»Du hast recht behalten, Kahv. Wenn wir bei unserer Suche dem Verlauf der Küste konsequenter gefolgt wären, hätten wir ein, zwei Tage früher zurückkehren können.« Einige Worte sprach Earrin laut aus, doch da die Atemmaske die Laute dämpfte, ersetzten Gesten einen Teil der Worte.

Seine Frau antwortete mit einem kurzen, stummen Nicken, ohne die Augen länger von der Küste abzuwenden, als notwendig war, um seine Gesten mitzubekommen. Es erfüllte sie nicht mit besonderer Befriedigung, recht gehabt zu haben; schließlich hatte sie ihm zugestimmt und die kürzere Route akzeptiert. Die Fahrt war in jedem Fall gefährlich, aber sie hatten es vermeiden wollen, außerhalb der Reichweite ihrer Sauerstoffdepots zu arbeiten.

Diesmal hatten sie mehr Flöße als gewöhnlich zusammen und deshalb einige Probleme mit dem Manövrieren. Die Hillers verlangten den größtmöglichen Vorrat an Metall und Glas, soviel, wie man in zwei Monaten herbeischaffen konnte. Sie hatten nicht mehr Kupfer als sonst aus dem Meer gewinnen können, aber Bones hatte im Hafengebiet so viel Glas gefunden, daß sie damit nicht nur die normalerweise für Fracht bestimmten Plattformen, sondern noch ein Dutzend Quadratmeter zusätzliche Fläche beladen hatten. Die neuen, nur provisorisch befestigten Flöße waren ihre größte Sorge.

Selbst in seichtem Wasser war der Verband von Flößen schwer zu handhaben. Earrin und Kahvi hatten mehrmals versucht, zu segeln, aber sie verstanden beide nicht genug davon. Außerdem waren sie dabei zu sehr vom Wind abhängig. Sie benutzten Ruder, und im tieferen Wasser half ihnen Bones.

Im Augenblick ruhten sich die beiden Männer aus, die Ruder trieben seitwärts im Wasser. Nur der Beobachter arbeitete weiter; die Schlepptaue waren gespannt, das Floß bewegte sich langsam nach Westen. Wenn sich das Wetter noch eine Stunde hielt, war die Fracht in Sicherheit, wenn nicht – nun Bones konnte sie zwar wieder bergen, aber hier, direkt unter den Augen der Hillers, wäre das unklug gewesen. Die Gruppe, die die Fracht bestellt hatte, schien keine Sympathien für die Eingeborenen zu hegen. Während der Verhandlungen war ein paarmal die Rede von »Invasoren« gewesen, aber weder Kahvi noch Earrin waren auf derartige Bemerkungen eingegangen.

Es war sinnlos, sich jetzt darüber Gedanken zu machen; wichtiger war es, so schnell wie möglich die Küste und das Gefängnis zu erreichen. Earrin nahm sein Ruder wieder auf, und Kahvi folgte seinem Beispiel. Das Kind war noch zu klein, um hierbei zu helfen.

Wenigstens hatten sie keinen Gegenwind. Das schaumstoffartige Gewebe schwamm hoch auf dem Wasser, deshalb wurde die Konstruktion mehr vom Wind als von der Strömung beeinflußt. Sie kamen problemlos voran.

Regelmäßig sahen sich die Ruderer um und beobachteten die stickstoffgefärbten Wolken, die langsam näher kamen. Allmählich wurde die Sicht der Küste klarer, der Dunst lichtete sich. Im Süden waren die Blue Hills noch erkennbar, ein gutes Zeichen. Stürme kündigten sich meistens durch Wolken an, die in Bodennähe aufzogen. Deshalb blieb Kahvi zuversichtlich; Earrin dagegen erinnerte sich an zu viele Ausnahmen von dieser Regel, um beruhigt zu sein.

Bones, der fünfzig Meter voraus unter der Wasseroberfläche schwamm, verschwendete keinen Gedanken an das Wetter. Dasselbe galt für die dritte Person auf dem Floß. Leise mit ihren Puppen spielend, saß sie im Zelt und sah hin und wieder auf, um nichts Interessantes zu verpassen. Das transparente Sauerstoffzelt bot ihr klare Sicht, versperrte aber den Erwachsenen den Blick aufeinander, weil es genau zwischen ihnen stand.

Danna konnte sich nicht erinnern, jemals so weit von der Küste entfernt gewesen zu sein, aber da sie schon viel stärkeren Seegang erlebt hatte, war sie nicht im geringsten ängstlich. Solange sie keine Atemmaske aufsetzen mußte, nahm sie an, daß auf dem Floß alles in Ordnung war – und selbst, wenn, hätte sie es wahrscheinlich für eine Übung gehalten. Die für die Nomaden lebenswichtigen Verhaltensweisen waren ihr längst in Fleisch und Blut übergegangen. Sie hatte gelernt, die Blasen im Zeltstoff zu kontrollieren, in denen Sparrels synthetisches Leben Sauerstoff produzierte. Sie war inzwischen auch aufmerksam genug, um von sich aus ihre Eltern zu warnen, wenn ein Anstieg des Innendruckes im Zelt darauf hinwies, daß die Sauerstoffpatronen übersättigt waren. Die gefährliche Aufgabe, den überschüssigen Sauerstoff abzulassen, durfte sie allerdings noch nicht übernehmen. Und sie war natürlich nicht kräftig genug, die Stickstoffbehälter, mit denen der Luftkreislauf im Zelt wiederhergestellt wurde, unter das Floß zu bringen.

Jedenfalls erkannte sie Rauch, wenn sie ihn sah, und sie war als erste darauf aufmerksam geworden. Das Floß war noch dreihundert Meter von der Küste entfernt, als sie nach ihren Eltern rief.

»Mutter, Vater! Hinter dem Hügel steigt Rauch auf! Das muß ein Feuer sein!«

Ihre Eltern sprangen auf und zogen automatisch die Ruder an Deck. Obwohl sie die ganze Zeit über ihr Ziel beobachtet hatten, waren ihnen die dunklen Wolken nicht aufgefallen. Auf diese Entfernung konnten sie kaum etwas erkennen; die Sichtscheiben ihrer Masken bestanden aus Fensterglasresten, und sie hatten sowieso nicht mehr allzugute Augen. Obwohl das Kind ihnen die Stelle zeigte, waren sie unsicher; es konnten ebensogut Regenwolken sein, die allgegenwärtigen Stickstoffoxide gaben ihnen die gleiche Färbung wie dem Rauch.

»Sie hat recht«, sagte Kahvi schließlich. »Hinter dem Hang ist ein Feuer. Was mögen die Hillers da nur anstellen?«

»Weiß nicht.« Earrin war sich noch nicht sicher. »Mal sehen, was Bones dazu sagt. Er hat schärfere Augen.«

Der Mann ging zu den vorderen Plattformen und zog zweimal an den Schlepptauen. Beide erschlafften sofort, und einen Moment später tauchte der Beobachter an der Oberfläche auf. Kahvi machte das Zeichen für »komm her«, und das Kind machte es ihr nach, obwohl Bones die Kleine kaum innerhalb des Zeltes sehen konnte. Die Kreatur sprang wie ein Delphin auf das Floß zu, und der letzte Sprung beförderte die groteske Gestalt an Deck. Einen Moment lag das Wesen da wie ein gestrandeter Fisch; dann ringelte sich der schlanke Körper aufwärts, bis er aufrecht stand und die Menschen weit überragte.

Seine hundertzwanzig Kilogramm ließen das Floß bedenklich schwanken, doch die vier unteren Gliedmaßen hielten trotz ihrer scheinbaren Zerbrechlichkeit und Schwäche das Gleichgewicht. Zwei von ihnen waren als Seitenflossen ausgebildet, die seinen eigenartigen, an Delphine erinnernden Schwimmstil prägten; die anderen beiden wuchsen einen halben Meter höher aus dem Rumpf, auf sie stürzte er sich, um die Balance halten zu können. Von weitem sah Bones absurderweise wie ein auf dem Schwanz stehender Fisch aus, wenn man die Tentakel nicht beachtete, zumindest für jemanden, der wußte, wie ein Fisch aussah. Kahvi und Earrin hatten natürlich niemals einen gesehen; ihre Art war die einzige größere Rasse, die auf der Erde überlebt hatte.

Die oberen Tentakel signalisierten eine Frage, und Kahvi gab Antwort.

»Wir halten das für ein Feuer«, erklärte Earrin in der üblichen Mischung aus Sprache und Gesten.« Du hast schärfere Augen als wir. Kannst du den Rauch erkennen?«

»Ja«, bestätigte ein Tentakel.

»Weißt du noch, was auf der anderen Seite wächst, und ob es explosiv ist? Sollen wir weiterfahren oder besser umkehren?«

»Nichts Explosives, soweit ich mich erinnere« signalisierte der Beobachter, »aber es ist Wochen her, daß wir uns dort umgesehen haben. Inzwischen können neue Dinge entstanden sein.«

»Hältst du das denn für möglich? Die Hillers würden doch jede Pflanze zerstören, die nicht seit mindestens hundert Jahren in dieser Gegend wächst.«

offenbar auf Grund. Die Schlepptaue waren noch gespannt, aber die Menschen verstanden den Wink und legten die Ruder beiseite. Das Floß konnte nicht an Land gebracht werden, weil sie Platz darunter brauchten, um das Zelt betreten zu können. Bones brauchte selbst keine Luft, aber er war lange genug mit ihnen zusammen, um ihre Bedürfnisse zu kennen. Eines seiner riesigen Augen richtete sich auf das Floß, das andere beobachtete den Rauch, der, jetzt viel dicker, weiter unaufhörlich oberhalb des kleinen Kammes hervorquoll, der etwas zweihundert Meter von der Küste entfernt lag.

Es hatte bisher keine Explosion gegeben, was aber wenig zu sagen hatte. Viele Pflanzen enthielten sowohl Nitrate als auch reduzierendes Material in unbestimmbaren Mengen. Es war nicht vorhersehbar, ob und wie stark sie brennen würden; das Stickstoffleben mutierte so schnell und wuchs so rapide, daß selbst scheinbar vertraute Formen immer wieder Überraschungen bereithielten. Pseudoleben war weniger gefährlich, schien aber hier in der Gegend kaum zu gedeihen.

»Auf dieser Seite brennt noch nichts«, sagte Danna nach eingehender Betrachtung des Geländes. »Ob sich das Feuer wohl wirklich über den Hügel ausbreitet?«

»Das wissen wir nicht, aber wir müssen Vorsorge dafür treffen«, antwortete ihr Vater. »Deine Mutter, Bones und ich werden an Land gehen, sobald das Floß verankert ist. Du weißt, was du zu tun hast.« Das Kind nickte und versuchte, eine entschlossene Miene aufzusetzen.

Bones hatte das Floß über die richtige Tiefe geschleppt, jetzt gestikulierte er, daß die Anker gesetzt werden sollten. Die Erwachsenen gingen nach hinten und versenkten die mit Steinen gefüllten Stoffsäcke im Wasser. Danna versuchte den Buganker über Bord zu schaffen, aber die hundert Kilogramm Gewicht waren zuviel für sie. Bones watete zum Floß zurück und hievte den Anker hinunter; das Kind sprang hinterher und schwamm an seiner Seite, während er den Anker auf die Küste zutrug und ein paar Meter weiter in den schlammigen Boden setzte. Dann sprang er auf das Floß und setzte der Reihe nach die anderen Anker, wobei ihm die Erwachsenen halfen. Danna blieb die ganze Zeit über im Wasser und versuchte, auch zu helfen; als sie fertig waren, ringelte sich ein grünblauer Tentakel um ihre Hüfte und hob sie, wobei sie vergnügt lachte, zu ihren Eltern an Deck. Sie stimmten kurz in ihr Lachen ein, dann ergriffen sie die Werkzeuge, die neben dem Zelt aufgestellt waren.

»Sorge, dafür, daß das Zelt nicht zu trocken wird«, wiederholte ihre Mutter. »Wir können dich von drüben sehen, hab' keine Angst.« Kahvi sprang vom Floß; sie trug ein Gerät aus Holz und Glas, das wie eine Hacke aussah. Ihr Mann folgte ihr mit einer langen Stange, an deren Ende ein Schwamm befestigt war. Bones war vorausgeschwommen und hatte die halbe Strecke schon hinter sich. Normalerweise hätten ihn die anderen weder an Land noch im Wasser einholen können, aber in dem kaum brusthohen Wasser konnte er nicht schwimmen, und seine Tentakel hatten zuwenig Bewegungsfreiheit. Sie schlossen schnell auf, und kurz vor der Küste hatten sie ihn erreicht.

Der Strand war mit glitschigen Stickstoffpflanzen bedeckt, die zu naß waren, um Feuer fangen zu können (hofften sie), aber beim Laufen ziemlich hinderlich waren. Alle größeren Pflanzen in Sichtweite waren zwar brennbar, aber zumindest nicht explosiv, bis auf ein paar vereinzelte Sprenger.

Sie hatten gerade den Fuß der kleinen Halbinsel erreicht und waren noch etwa vierzig Meter vom Depot entfernt, als die Erde bebte. Eine Fontäne rotglühender Pflanzenteile erhob sich auf der anderen Seite des Kammes, zerstäubte langsam und sank wieder zusammen. Einige glühende Bruchstücke landeten in der Nähe der kleinen Gruppe und vor dem Gebäude, und jeglicher Zweifel über die Natur der Büsche wurde zunichte gemacht, als ein Dutzend von ihnen, auf die Glut niedergegangen war, zu qualmen begann. Es gab keine Flammen, da kein freier Sauerstoff vorhanden war; die Pflanzen brannten nur aufgrund ihres Nitratgehaltes.

Die beiden Menschen blieben stehen und sahen sich an, nur Bones lief weiter auf das Gebäude zu. Sie folgten ihm, wobei sie versuchten, Feuer, Gefängnis und Floß gleichzeitig im Auge zu behalten. Dabei hielten sie sich so weit wie möglich von den Büschen am Wegesrand fern.

Der Eingeborene hatte das Gebäude beinahe erreicht, die anderen lagen noch einige Meter zurück, da erfolgte eine zweite, heftigere Explosion. Alle drei stoppten, um die brennenden Stämme, Äste und Zweige durcheinanderwirbeln zu sehen, die rotbraune Fahnen aus Rauch und Stickstoffgasen hinter sich herzogen. Sie duckten sich, als Teile an ihren Köpfen vorbeiflogen. Earrin und Kahvi hielten den Atem an, als weißglühende Fragmente um das Floß herum im Wasser aufschlugen. Kahvi ging einen Schritt zurück, blieb aber stehen, als sie ihre Tochter unversehrt zwischen mehreren Eimern Wasser stehen sah. Offenbar war das Zelt nicht getroffen worden. Dann lenkte ein Schrei, viel tiefer als aus Dannas Kehle, aus der entgegengesetzten Richtung ihre Aufmerksamkeit wieder auf das Depot.

II

KÜHLUNG: SORGFÄLTIG

Die Mauern des Gebäudes waren aus unbehauenem Stein, scheinbar ohne Mörtel gefügt. Der Zement, den die Hillers benutzten, war nur von innen aufgetragen, weil er ebenso schnell Feuer fing wie herkömmlicher Zeltstoff. Von außen waren die Mauern aber sicher. Das Dach dagegen war ein Problem. Damit an die Pflanzen im Inneren Sonnenlicht gelangte, war es durchsichtig, aus demselben Gewebe, wie es die Fyns für ihr Zelt auf dem Floß verwendet hatten; zwar nicht explosiv, doch wenn es trocken war, brannte es wie Zunder.

Der Schrei schien eine Bestätigung dafür zu sein, daß sich daran nichts geändert hatte, was für den Bereich Boston und Umgebung keine Überraschung war.

Earrin stürmte zum Gebäude; Bones' Gesten waren überflüssig, die Situation war eindeutig, obwohl nur der Beobachter groß genug war, um das Dach überblicken zu können. Der Mann kletterte auf das Dach, nachdem er seinen Schwamm in das Wasserbecken getaucht hatte.

Drei Löcher waren auf dem Dach zu sehen, die langsam größer wurden. Von ihren Rändern stieg Rauch auf. Earrin schob sich so nah wie möglich an das erste heran, nahm dann die

Stange und preßte den Schwamm gegen den Rand. Es war verführerisch, zu schnell zu arbeiten, aber nitratgespeiste Feuer konnten nicht erstickt werden, sie mußten gekühlt werden. Earrin hatte zuviel Erfahrung, um sich zu überhastetem Handeln hinreißen zu lassen.

Die Person im Depot besaß diese Erfahrung offenbar nicht. Inzwischen schien er sich gefaßt zu haben und rieb mit einem Schwamm an einem zweiten Loch – doch er ging viel zu schnell vor; wenn er an einer Stelle fertig war und woanders weitermachte, flammte das erste Stück wieder auf.

»Langsamer!« Earrin schrie, so laut er konnte. »So geht es nicht aus!«

Eine männliche Stimme antwortete ihm. »Und was ist mit den anderen Löchern? Wenn ich mich nicht beeile, werden sie zu groß!«

Von dieser Logik war Earrin etwas verblüfft, aber er antwortete sofort. »Wir kümmern uns um die anderen. Bleib an diesem, und arbeite langsamer.« Der Gebrauch der Mehrzahl war etwas gewagt, erkannte Earrin plötzlich, denn weder Kahvi noch Bones hatten Schwämme mit. Der andere ging jetzt sorgfältiger zu Werke. Earrin war mit dem ersten Loch fertig, er kroch zum letzten. In diesem Augenblick erklang eine zweite Explosion, aber er achtete nicht darauf. Kahvi würde ihn schon rechtzeitig warnen. Er wünschte, sie hätten mehr Schwämme mitgenommen; aber sie hatten nicht ahnen können, was sie erwartete. Wenn sie früher dagewesen wären, hätten sie Feuergräben um das Haus herum ziehen müssen. Etwas fiel ihm noch ein, und er rief: »Kahvi! Im Haus müssen noch Schwämme sein. Seht dort nach, bevor ihr etwas vom Floß holen geht!«

»Gut«, erwiderte seine Frau. »Der letzte Ausbruch war schwächer, es ist nichts mehr herübergekommen. Wenn ich ins Haus gehe, achte auf das Floß. Danna wird noch nicht mit allem allein fertig.«

»Verstanden.«

Earrin hatte das Loch erreicht. Es hatte Zeit gehabt, sich auszubreiten, und wies inzwischen mehr als zwanzig Zentimeter Durchmesser auf. Wahrscheinlich war der Schwamm zu klein dafür, aber er mußte es versuchen.

Der blasenwerfende Rand zischte laut auf, als der Schwamm seine Hitze aufsog. Earrin wagte nicht, schneller vorzugehen. Der Schwamm war nur halb so groß wie das Loch – flüchtig dachte er daran, daß man einfach keine größeren Schwämme finden konnte.

Auch die Schwämme waren aus Pseudoleben entstanden, doch der Zweck, für den sie einst geschaffen worden waren, war längst in Vergessenheit geraten. Wenigstens konnten sie Wasser in reichlichen Mengen binden.

Es hatte keinen Zweck, das Loch war zu groß.

Er machte trotzdem weiter, rief aber:

»Bones! Mit dem Messer!«

Das Loch war etwa einen Meter von der Mauer entfernt, und Bones war groß genug, um es vom Boden aus zu erreichen. Seine Tentakel fischten das Messer aus Earrins Beutel. Die Glasklinge sah weniger wie ein Messer als die Hälfte einer Schere aus, doch der Stoff gab unter ihr leicht nach. Bones begann an der Seite, die nicht mehr glühte, schlitzte ein Stück heraus und schnitt dann im Uhrzeigersinn. Ein Streifen des abgetrennten Gewebes hing in den Raum hinein und flammte in der sauerstoffreichen Luft sofort auf. Bones arbeitete schneller und trennte das Stück ganz heraus, bevor es weiteres Material in Brand setzen konnte. Es fiel in den Raum und geriet außer Sicht.

Earrin wartete ein paar Sekunden, um ganz sicher zu sein, aber diesmal schien das Glück auf ihrer Seite zu sein.

Er blickte sich nach Kahvi um.

»Alles in Ordnung«, rief er. »Was ist mit Danna? Kannst du sie sehen?«

»Ja. Es geht ihr gut, das Floß hat nichts abbekommen. Ich schwimme hinüber und kümmere mich um sie; ihr bleibt besser noch hier; dem Rauch nach zu urteilen, brennt es hinter dem Hügel immer noch.«

»Laß Bones gehen, er ist schneller als du. »Es ist besser, wenn du erst einmal ein paar Worte mit dem Burschen da drin redest.«

Sie nickte und wandte sich Bones zu.

Er hatte verstanden und lief zum Strand, seine seltsamen

starren Hinterbeine bewegten sich so schnell, daß sich ihre Umrisse verwischten.

Eine weitere Explosion zog ihre Aufmerksamkeit einen Augenblick lang auf sich, aber es ging nichts in ihrer Nähe nieder.

»Es wird wohl bald vorbei sein«, bemerkte Earrin. »Seltsam, das Feuer scheint sich nicht auszubreiten. Was für ein Stoff kann denn so lange brennen?«

»Bleib da oben und paß weiter auf. Ich werde hineingehen und sehen, ob der Sträfling hier mehr darüber weiß«, schlug Kahvi vor.

Earrin blickte hinunter.

Das Dach reflektierte das Sonnenlicht, so daß er nur Umrisse ausmachen konnte.

»Warte einen Moment«, sagte er. »Jemand scheint herauszukommen. Er hat eine Maske angelegt.«

»Er kommt heraus? Hat er das Dach schon repariert?«

»Nein. Vielleicht . . .« Earrin verstummte; er konnte sich nicht vorstellen, was jetzt wichtiger sein konnte, als die Reparatur des Daches. »Du gehst jetzt besser hinein«, sagte er schließlich. »Ich werde hier oben Wache halten.« Keiner von ihnen war von Natur aus mißtrauisch, aber irgend etwas stimmte hier nicht.

Kahvi ging zur Luftschleuse, einem Wasserbecken, das unter der Ostwand hervorschaute.

Ihr Mann beobachtete, wie sie im Gebäude auftauchte, dann erinnerte er sich unwillig daran, daß er das Feuer im Auge behalten mußte; trotzdem warf er gelegentlich einen Blick nach unten.

Kahvi richtete sich auf – das Becken lag etwa anderthalb Meter unter der Wand – und ging die Stufen zum Boden empor.

Sie waren unzählige Male hiergewesen, und ein schneller Blick in die Runde zeigte ihr keine wesentlichen Veränderungen. Ihr Hauptinteresse galt dem einzigen Insassen des Depots.

Es war ein Mann, eher ein Jugendlicher, Jahre jünger als Earrin und Kahvi, viel schlanker als sie und einige Zentimeter größer. Er war noch magerer als der typische Hiller. Seine Haut zeigte keine Spur eines gelblichen Schimmers wie bei Leuten, die viel Zeit im Freien verbrachten. In den Ozeanen war die Konzentration der Nitratsäure zwar nicht so hoch, daß sie die Farbproteine beeinflußte, aber im Regen war die Säure viel stärker konzentriert. Sein Haar war ein wenig zu lang, um bequem unter eine Maske zu passen. Kahvi nahm das alles mit einem Blick auf, während sie schnell zur gegenüberliegenden Wand ging.

»Warum reparierst du das Dach nicht?« fragte sie und bahnte sich einen Weg zwischen den mit Sauerstoffpflanzen überladenen Tischen.

Der Junge nahm die Maske wieder ab, die er gerade erst aufgesetzt hatte.

»Ich war dabei. Was soll denn die Eile?«

»Du läßt den Sauerstoff verpuffen, außerdem können Sporen eindringen. Hier sind deine Flicken und der Zement. Du nimmst das kleine Loch an der Nordseite, da komme ich nicht heran. Ich nehme das große über dem Tisch . . . paß auf! Einer von den Pflanzenkästen auf dem Tisch brennt! Tauch ihn in das Wasserbecken und mach ihn sauber, dann kümmere dich erst um die Löcher, bevor du den Kasten wieder aufstellst. Der Stoff auf dem Dach muß daraufgefallen sein. Beweg dich! Wenn du hier was lernen willst, dann mußt die Augen auch offenhalten!«

Der Junge verzog das Gesicht, gab aber keine Antwort, sondern lief zu dem Tisch, hob den Kasten auf, von dem Flammen aufloderten, und brachte ihn zur Luftschleuse. Das Feuer war in der Mitte des halbmetergroßen Kastens ausgebrochen und hatte den Rand noch nicht erreicht, so daß er den Kasten noch tragen konnte; aber er zuckte zurück, als Flammen und Rauch von seiner Last hochschlugen, und hielt sie weit von sich. Kahvi bemerkte, daß er den Kasten auch von den anderen Pflanzen fernhielt, er schien also nicht vollkommen schwachsinnig zu sein. Wenn sie ärgerlich war, unterschied sie sich mehr zwischen Stupidität und Ignoranz, die unter solchen Umständen nicht weniger gefährlich war.

Sie sprang auf den Tisch, auf dem der brennende Kasten gestanden hatten, und hob den Flicken hoch, den sie schon zementiert hatte, als sie den Raum durchquert hatte. Das Dach war noch immer außerhalb ihrer Reichweite, sie mußte hochspringen, um das Gewebe gegen das Loch zu pressen. Der Zement würde es dort oben halten können, bis es angewachsen war, was nur einige Stunden dauerte. Das Loch war das größte gewesen, an dieser Stelle hatten Bones und ihr Mann ein Stück aus dem Dach herausgetrennt. Die übrigen Löcher lagen nicht über den Tischen, sie mußten erst welche darunterschieben. Innerhalb von zwei Minuten war das Dach luftdicht, und sie sprang vom letzten Tisch. Der junge Hiller stand direkt neben ihr.

»Nun gut, es tut mir leid, daß ich so heftig reagiert habe«, sagte sie, nachdem sie ihn einen Augenblick schweigend angesehen hatte. »Du wirst wohl einen Grund gehabt haben, an der Maske herumzufummeln, als du hinauswolltest, anstatt das Dach abzudichten.«

»Ich wollte draußen helfen, das Feuer zu löschen«, gab er zurück. »Es kamen doch so viele Funken auf einmal.«

»Natürlich. Aber du hattest einen Schwamm und Wasser hier drinnen und konntest genausogut von hier aus arbeiten wie Earrin von draußen – sogar besser; du konntest den Schwamm sofort wieder naß machen. Draußen hatten wir keine Flicken, und die Löcher mußten doch so schnell wie möglich wieder abgedichtet werden. Hat man dir das denn nicht beigebracht, bevor man dich hierhergeschickt hat?«

»Natürlich haben sie das.« Die Stimme klang jetzt verdrossen. »Ich hätte dichtgemacht, wenn keine Funken mehr gekommen wären. Es erschien mir wichtiger, erst einmal zu löschen.«

»Das stimmt, aber darum kümmerte sich doch schon jemand anderes, und wie gesagt, von hier aus ging es noch besser. Warum hast du es nicht mal mit Nachdenken versucht?«

»Habe ich doch. Wenn man nicht genau überlegt, bevor man handelt, kann man jemanden umbringen. Das weiß doch jeder, oder hat dir das keiner beigebracht?«

»Doch. Oft genug. Es mag nützlich sein, sorgfältig zu überlegen, wenn man in einer Stadt lebt, aber hier draußen darf das deine Reaktion nicht behindern. Denken geht zu langsam, um dich auf die Dauer am Leben zu halten. Wenn du nicht automatisch reagierst, hast du keine Chance – den Schwamm! Es kommt noch mehr!« Zwei weitere Explosionen waren fast gleichzeitig erfolgt.

Einige Stangen mit Schwämmen lehnten an der Wand; während sie sprach, hatte Kahvi sie ergriffen. Im selben Moment erklang über ihnen Earrins Stimme.

»Kahv, es fängt wieder an! Ich muß zur Ostwand, um den Schwamm wieder naßzumachen. Ich bleibe am Wasserbecken, kümmert ihr euch um den Rest!«

Kahvi riß sich die Maske vom Gesicht, um freier sprechen zu können, und antwortete mit einem lauten Ruf. Um den Insassen des Gebäudes hatte sie sich nicht mehr gekümmert, aber er hatte ebenfalls mit beachtlicher Schnelligkeit eine Stange ergriffen. Dann hatten sie keine Zeit für mehr als ein paar kurze Gesten, denn ein Dutzend zischender Kohlen landeten auf dem Dach. Keines der entstandenen Löcher konnte sich auf mehr als Schwammgröße ausdehnen, bevor es erstickt wurde, aber ehe sie die Flicken alle angeklebt hatten, ertönte die nächste Explosion. Eine Viertelstunde lang waren sie zu beschäftigt, um nachdenken zu können, obwohl Kahvi in einem ruhigeren Augenblick zu ihrem Mann heraufrief: »Was ist mit dem Floß? Ist Danna wohlauf?« Sie versuchte, ihre Sorgen zu unterdrücken und arbeitete konzentriert weiter.

»Ich kann auf die Entfernung nicht viel erkennen«, erinnerte sie Earrin. »Es scheint kein Rauch von drüben zu kommen, und Bones ist nicht zurückgekommen.«

»Er versuchte erst gar nicht, letzteres zu erklären; doch Kahvi konnte sich das selbst ausmalen. Wenn die beiden sich noch Sorgen machten, so zeigten sie es nicht, die Arbeit ging weiter.

Inzwischen wurde der Rauch hinter dem Hügel dünner und erstarb ganz. Auch der erschreckende Donner explodierenden Holzes blieb aus. Das Dach war mit Flicken übersät, aber es war dicht.

»Ich glaube, das haben wir hinter uns!« rief Earrin von oben herunter. »Trotzdem werde ich noch eine Weile hierbleiben. Ihr könnt euch jetzt ausruhen.«

»Was ist mit den anderen?« fraghte Kahvi.

»Mach dir keine Sorgen, die sind in Ordnung. Das Floß ist anscheinend unversehrt – verdammt, ich brauche eine bessere

Maske. Vielleicht brauchen die Hillers ja nicht die ganze Schiffsladung – he, die beiden kommen hierher. Danna geht voraus, und wenn dem Floß oder dem Zelt etwas passiert wäre, hätte sie es weniger eilig, wo wir ihr doch die ganze Verantwortung übertragen haben.«

»Floß? Ladung? Ihr müßt die Händler sein«, warf der Insasse des Gefängnisses ein. »Das hätte ich mir denken können, so wie ihr euch hier draußen auskennt. Ich muß jeglichen Zeitsinn verloren haben. Wolltet ihr nicht erst in einer Woche oder so wiederkommen?«

»Man hat uns gesagt, wir hätten zwei Monate Zeit, bis Mitte Mai. An das genaue Datum kann ich mich nicht mehr erinnern – wir verrechnen uns sowieso immer um ein, zwei Tage –, aber wir müßten ungefähr richtig sein«, meinte die Frau. »Wie lange bist du schon hier? Hat man dich vollkommen isoliert? Das ist ja ganz schön hart.«

»Ich bin kein Sträfling. Ich mache hier meinen Job und sitze keine Strafe ab. Ich sollte euch hier erwarten, aber erst Mitte Juni. O'Donohugh muß da was verwechselt haben. Ich glaube, ich weiß, was da passiert ist. Holt eure Freunde doch mit herein. Ich hoffe nur, daß euch die Umstände nicht allzuviel ausmachen.«

III

KAMPFGEIST: AUSGEPRÄGT

Kahvi war erleichtert. Der Junge war zumindest höflich, aber seine letzte Bemerkung beunruhigte sie.

»Danke«, sagte sie. »Warum hast du eigentlich hier auf uns gewartet? Wir hätten doch zur Stadt gehen können, um uns anzumelden.«

»Wir haben es ziemlich eilig. Wir haben hier in Kanton ein paar Projekte laufen, da benutzen wir das Haus sowieso öfters. Dafür brauchen wir auch jede Menge Glas, soviel wir nur kriegen können, hoffentlich habt ihr genug bei euch. Und hoffentlich können wir es auch immer noch brauchen.«

»Was soll das denn heißen, ›noch brauchen‹? Und was für Projekte sind das, für die man so viel Glas braucht?«

»Vielleicht gibt es Probleme. Das Feuer, das wir gerade gesehen haben, ist anscheinend auf dem Gelände ausgebrochen, auf dem die Sache abläuft. Unter Umständen ist das jetzt ein Trümmerhaufen. Wenn das so ist, weiß ich nicht, wie wir eure Fracht überhaupt noch nehmen können.«

»Hauptsache, ihr könnt sie noch bezahlen«, ergänzte Kahvi. »Natürlich können wir euch einen Kredit geben, wenn ihr Schwierigkeiten habt, damit wären wir einverstanden.«

»Stimmt ja, ihr seid zu zweit – dein Partner ist noch auf dem Dach. Ihr werdet beim Ausladen Hilfe brauchen. Soll ich mitkommen? Aber warte mal – ihr habt doch noch andere Namen erwähnt. Hat sich eure Gruppe vergrößert?«

»Nein.« Kahvi begann sich unbehaglich zu fühlen, sie fragte sich, ob er auf ihre Figur anspielte. »Unsere Gruppe ist seit Jahren dieselbe, aber Earrin und ich haben den Handel übernommen. Wir hatten diesmal einige Schwierigkeiten, weil wir das Floß überladen hatten. Aber wir schaffen das schon allein, außerdem mußt du die Pflanzen wieder aufstellen. Wir haben Glück gehabt, daß hier drin kein richtiges Feuer ausgebrochen ist.« Sie hatten tatsächlich unglaubliches Glück gehabt. Sie konnten froh sein, daß das Dach überhaupt gehalten hatte.

Der Junge zeigte nicht den geringsten Ausdruck. Kahvi spürte, daß sich ihr Puls beschleunigte, und atmete sofort langsamer. Sie versuchte, so beherrscht wie möglich zu sprechen. »Wir fangen schon mal mit dem Ausladen an. Wo habe ich meine Maske – danke. Wenn du die Pflanzen in Ordnung gebracht hast, besorgst du dir am besten neue Dichtungsmasse, die meiste haben wir aufgebraucht.«

»Das hat keine Eile«, war die Antwort. »Das Feuer ist ja gelöscht . . . oh, Entschuldigung; ich bin wohl schon wieder leichtsinnig. Ein Nomade denkt immer an alles, nicht wahr? Du hast recht. Ich werde mich darum kümmern. Ihr könntet mir etwas Glas vorbeibringen; ich habe nichts hier, das glatt genug ist, um brauchbaren Stoff darauf herzustellen.«

»In Ordnung.« Sie hatte ihre Maske wieder aufgesetzt, redete aber trotzdem weiter. Der Hiller verstand mit Sicherheit keine

Zeichensprache und schon gar nicht die Zeichen, die die Familie und Bones benutzten. »Einer von uns kommt gleich noch mal vorbei. Brauchst du auch neuen Stickstoff?«

Sie bereute sofort, daß ihr das herausgerutscht war, und sah sich willkürlich nach ihrem Mann um. Sie konnte ihn zwar erkennen, wußte aber, daß er durch das spiegelnde Dach wenig sehen konnte. Der junge Bostoner schien jedoch nicht zu begreifen, was die Frage bedeutete, und kurz darauf ging sie durch die Schleuse.

Sie gab Earrin zu verstehen, daß er mit ihr zum Floß zurückkommen sollte. Danna und Bones begegneten ihnen auf dem Weg, und sie bedeutete ihnen dasselbe. Mit einem Achselzukken kommentierte Earrin, daß jetzt kein Rauch mehr zu sehen war. Die Gruppe war am Strand angelangt, als Kahvi zu reden begann.

»Hast du alles mitbekommen?« fragte sie ihren Mann.

»Kaum etwas. Anfangs klang es, als würdest du ihn zusammenstauchen.«

»Stimmt. Ich schätze, wir werden noch Schwierigkeiten mit ihm bekommen.«

»Warum denn? Was ist passiert? Und warum ist er hier?«

»Er sagt, daß er keine Strafe absitzt, sondern freiwillig da ist, aber das glaube ich nicht. Er ist süchtig, ein Verschwender. Im ganzen Gebäude ist nicht eine Stickstoffpflanze, keine Gasflasche. Mir ist unverständlich, daß das Dach nicht ausgebrannt ist. Er atmet reinen Sauerstoff, mir ist noch ganz schwindlig davon. Wir sollen ihm Glas bringen, damit er Kulturen für Dichtungsstoff setzen kann. Das müssen wir machen, aber wir bleiben auf keinen Fall dort, sondern übernachten auf dem Floß.«

»Wie heißt er?«

»Ich habe ihn nicht gefragt.«

»Dann weiß er, daß du mißtrauisch geworden bist.« Kahvi nickte langsam. Die Nomaden tauschten immer ihre Namen aus, das war eine ihrer Regeln. Ohne diese Information konnte man nicht mit einem Dritten über jemanden reden, präzise Kommunikation war lebensnotwendig. Dasselbe galt für die Abneigung der Nomaden gegen Lügen. Daß Kahvi ihn nicht nach seinem Namen gefragt hatte, mußte ihm klarmachen, daß sie irgend etwas gestört hatte.

»Er muß es sowieso gemerkt haben«, sagte sie schließlich. »Ich habe seinen Stickstoffmangel erwähnt. Was sollen wir jetzt tun? Natürlich müssen wir ihm bringen, was er braucht, aber ich habe Angst vor ihm. Er ist unberechenbar.«

»Ich werde hingehen«, gab ihr Mann zurück. »Mach dir deswegen keine Sorgen. Vielleicht ist es gar nicht so schlecht. Wenn er Bones sieht, oder Danna, wird ihm niemand glauben.«

»Das ist zu gefährlich. Womöglich bringen sie sie zur Außenseiterschule und glauben, ihr und uns noch einen Gefallen zu tun. Das weißt du genausogut wie ich. Der Junkie hat von einem Projekt gesprochen, das hinter dem Hügel abläuft, und wenn er nicht phantasiert hat, können jeden Augenblick Leute herüberkommen, um nachzusehen, was dem Gefängnis passiert ist. Wenn sie Danna oder Bones sehen – sie können ja nicht alle sauerstoffsüchtig sein.«

Earrin nickte. »Also müssen sie sofort außer Sichtweite.« Er gab Bones ein Zeichen, und der Eingeborene verschwand geräuschlos im Wasser. Widerstrebend folgte ihm Danna. Sie wollte nicht wieder ins Zelt, war aber zu unbedingtem Gehorsam erzogen worden. Sie warf ihrem Vater einen vorwurfsvollen Blick zu und glitt ins Wasser. Etwa eine Minute später tauchte sie im Zelt auf und verschwand zwischen den Gestellen mit Sauerstoffpflanzen. Ihre Eltern sahen hinüber, widmeten den größten Teil ihrer Aufmerksamkeit aber dem Hügel. Sie warteten ein paar Minuten, um sicher zu sein, daß niemand die beiden beobachtet hatte, dann holten sie die Fracht.

Das Kupfer hatten sie in ähnlichen Säcken verstaut wie die Anker, in jedem waren zwanzig der zwei Kilogramm schweren Blöcke. Das Kupfer wurde von Robotern gesammelt, Pseudoleben, das auf dem Meeresgrund gedieh. Die Verwandlung der Atmosphäre hatte das ursprüngliche Leben fast vollständig vernichtet, die synthetischen Formen dagegen kaum betroffen. Fünfzehn Säcke hatten sie auf dem Floß verstaut. Kahvi warf sie ins Wasser, und ihr Mann zog sie an Land, allerdings mit Bones' heimlicher Unterstützung, der unter Wasser schwamm, um von der Küste aus nicht gesehen zu werden.

Das Glas war ähnlich verpackt. Es waren Fensterscheiben, die der Eingeborene auf dem Hafengelände geborgen hatte. Unzählige dieser Scheiben lagen noch inmitten des Schlammes, in dem sie versunken waren, als sich die Häuser buchstäblich um sie herum aufgelöst hatten. In den Ozeanen hatte sich der Anteil der Nitratsäure verhundertfacht, aber in Flüssen, Küstengebieten und Seen war die Konzentration während der Katastrophe noch viel stärker gewesen. Dasselbe galt für den Regen. Praktisch alle Metalle waren zersetzt worden, mit Ausnahme des Kupfers, das die stumpfsinnigen Sammler weiterhin aus dem Meer holten. Glas und Keramik konnten natürlich noch immer gefunden werden.

Sie arbeiteten fast bis Sonnenuntergang, dann hatten sie die ganze Fracht am Strand gestapelt. Der Hiller hatte sich nicht mehr sehen lassen, und wenn sich jemand hinter dem Hügel aufhielt, zeigte er kein Interesse für das Depot. Sie hörten keinen Laut von der anderen Seite, und es stieg auch kein Rauch mehr auf.

Kahvi war inzwischen an Land gekommen, um beim Sortieren zu helfen. Als sie sich aufrichtete, fiel ihr Blick auf das Gefängnis, und sie runzelte die Stirn.

»Er ist nicht ein einziges Mal herausgekommen«, kommentierte sie. »Ich frage mich, was er die ganze Zeit über gemacht hat. Mit den Pflanzen muß er schon längst fertig sein.«

»Ich bringe ihm jetzt das Glas«, antwortete Earrin. »Ich wollte ihn mir sowieso mal anschauen.«

»Er macht mir Angst«, gab Kahvi zu. »Ich komme mit und beobachte euch vom Dach aus. Wenn etwas passiert, können wir ihm drohen, das Dach aufzuschneiden.«

Earrin hob seine Augenbrauen, die durch die Säure gelblich verfärbt waren. »Mir ist klar, daß du dir Sorgen um mich machst, aber das geht doch wohl zu weit. Wahrscheinlich wird er nicht glauben, daß du zu so was fähig bist, genausowenig wie ich. Außerdem hast du ziemlich hart gearbeitet, und Danna ist seit Stunden allein. Kümmere dich um Danna, und geh dann schlafen. Ich kann selber auf mich aufpassen. Glaubst du, der Kerl ist stärker als ich? Oder hat er irgendwelche Waffen?«

»Unter normalen Umständen würde ich sagen, er ist sogar

schwächer als ich, aber du darfst nicht vergessen, daß er reinen Sauerstoff atmet. Als Waffe kann er doch jedes Werkzeug benutzen. Ich habe ganz einfach Angst vor ihm; er ist unberechenbar, weil er keine Regeln anerkennt.«

»Also gut. Ich werde vorsichtig sein. Weißt du was, ich werde mit Bones darüber reden, was ich vorhabe. Der Junge ist etwas Neues für ihn, also wird er ihn sich ansehen wollen. Wenn etwas passiert, wird er mir helfen.«

»Da wäre ich nicht so sicher. Vielleicht wird er einfach weiter zugucken. Das wäre nämlich auch etwas Neues für ihn. Wir wissen nicht, wie er reagieren würde. Und außerdem, was ist, wenn die anderen Hillers herkommen und ihn sehen? Wir können nicht zulassen, daß sie erfahren, daß wir mit Eingeborenen zusammenarbeiten.«

»Wie sollen sie denn darauf kommen, daß wir mit ihm zusammenarbeiten? Eingeborene beobachten immer interessante Dinge – das müssen sogar die Hillers wissen.«

Kahvi dachte ein paar Sekunden angestrengt nach. Sie fuhr mit den Fingern durch ihr kurzes Haar, das gelblich schimmerte, wo es der Säure ausgesetzt war, und ihre braunen Augen suchten Earrins Blick. »Na schön«, sagte sie. »Aber komm bitte so schnell wie möglich zurück. Ich hätte ihm das Glas wohl besser nicht versprochen.« Sie drehte sich um und ging auf das Wasser zu. »Ich werde Bones Bescheid sagen. Wahrscheinlich ist sie unter dem Floß und spielt mit Danna. Geh nicht ins Haus, bevor sie hier ist.« Earrin nickte und suchte ein Bündel Glasscheiben heraus. Er nahm gar nicht mehr wahr, daß Kahvi von Bones als weiblich sprach. Früher einmal war es ein Spaß gewesen, weil er Bones immer als männlich ansah, dabei wußten sie beide nicht, welches Geschlecht das richtige war, wenn Bones überhaupt eins hatte. Inzwischen hatten sie sich daran gewöhnt.

Falls Bones den Unterschied erkannte, hatte er nie darüber gesprochen.

Der messingfarbene Streifen am Himmel, den die untergehende Sonne hinterließ, verschwand langsam über dem Hügel, hinter dem das Feuer ausgebrochen war. Als Earrin das Depot erreichte, sah er sich um und erblickte die bullige Gestalt von

Bones, der auf die Küste zuschwamm. Er ging zur Schleuse und blieb vor dem Becken stehen.

»Hier ist Earrin Fyn, der Nomade!« rief er. »Ich bringe das versprochene Glas. Kann ich hineinkommen?«

»Selbstverständlich, Nomade Fyn. Ich freue mich, dich kennenzulernen. Komm herein.« Die Antwort war ohne Zögern gekommen, und die Stimme hatte nicht überrascht, eher gelangweilt geklungen. Earrin drehte sich noch einmal um und gab dem Eingeborenen ein kurzes Zeichen, dann tauchte er durch das Becken.

Kahvi hatte ihm den Mann beschrieben, deshalb war Earrin von der dürren, hochaufgeschossenen Gestalt nicht überrascht. Wie Kahvi gesagt hatte, war sein Haar zu lang, um eine Maske ordentlich zu tragen, und zu dunkel, als daß es öfters mit Nitratsäure in Kontakt gewesen sein konnte. Ein kurzer Blick durch den Raum bestätigte den anderen Punkt; drei verschiedene Arten von Sauerstoffpflanzen waren auf den Gestellen zu sehen, alle Pseudoleben, aber keine Pflanzen, die Stickstoff produzierten, oder Behälter, in denen sich welcher befinden konnte. Einige Schläuche reichten zwar durch die Schleuse nach draußen, aber ihre Enden führten zu Tanks, in denen Pseudoleben das Kohlenstoffdioxyd zu Calciumcarbonat kondensierte: es wurde dort lediglich Dünger für die Sauerstoffpflanzen hergestellt. Earrin konnte den höheren Sauerstoffanteil natürlich nicht riechen, aber da der Druck im Gebäude ebenso hoch war wie draußen – weder wölbte sich das Dach, noch wurde es von außen eingedrückt –, hegte er keinen Zweifel daran, was sie atmeten.

Der Nomade versuchte so flach und langsam wie möglich zu atmen, ohne daß es auffiel. Er hatte seine Maske aus Gewohnheit abgenommen, als er hereingekommen war, und unterdrückte den Drang, sie zurückzuklappen, als ihm bewußt wurde, woraus die Luft bestand.

Wenn der Hiller sein Widerstreben bemerkt hatte, nahm er keine Notiz davon.

»Vielen Dank für das Glas«, sagte er. »Es war dumm von mir, ihr zu sagen, daß ich keinen Stickstoff bräuchte. Man kann ja nie wissen, nicht wahr? Ich hoffe nur, daß ich sie nicht allzusehr erschreckt habe. Ihr Nomaden seid anscheinend sehr empfindlich in diesen Dingen.«

»Draußen bedeutet der kleinste Fehler meistens den Tod«, erklärte Earrin. »Aber was für uns notwendig erscheint, muß nicht immer gleichzeitig in den Städten Geltung haben. Wir hoffen, daß sie dich nicht beleidigt hat.«

»Nicht im geringsten«, versicherte der Junge. »Gewohnheiten müssen nicht immer richtig sein. Ihr werdet schon früher gemerkt haben, daß die meisten Bürger unserer Stadt Neuen gegenüber nicht gerade aufgeschlossen sind, aber ich und ein paar Freunde von mir sind da ganz anders. Darum benötigen wir auch euer Metall und das Glas.«

»So schlimm ist es auch wieder nicht«, meinte Earrin. »Gelegentlich habe ich hier neue Produkte verkauft. Und wir ziehen eine Pseudopflanze, die ursprünglich hier gezüchtet worden ist.«

»Von einem meiner Freunde, der seitdem bei den Alten unten durch ist«, ergänzte der andere. »Als Nomade hast du wohl weniger Scheu vor neuen Dingen.«

»Natürlich. Der größte Teil unseres Lebens besteht daraus. Worauf willst du hinaus? Habt ihr etwas, was uns interessieren könnte?«

»Ich habe den Eindruck, daß du und deine Frau es schon beide bemerkt habt.«

»Meinst du etwa . . . aber . . .« Earrin war sprachlos. Der andere lächelte.

»Nicht ganz so aufgeschlossen, wie du von dir glaubst. Habt ihr euch nicht gewundert, daß das Dach unter diesen Umständen nicht viel stärker gebrannt hat?«

Earrin gab sich einen Ruck. »Doch«, gab er zu, »wir haben uns Gedanken darüber gemacht. Also habt ihr einen neuen Stoff gefunden. Sicher sind wir daran interessiert . . . außer . . .« Er machte eine Pause, und sein Gegenüber lachte bitter.

»Außer wenn es nur in reinem Sauerstoff wächst?«

»Genau das wollte ich sagen.«

»Ich muß zugeben, daß ich darüber nichts Genaueres weiß. Unter euren etwas . . . schwerfälligen Bedingungen ist es noch nie getestet worden. Ich kann dir ein wenig zum Testen geben, natürlich unter der Voraussetzung, daß ihr in meiner Schuld steht, wenn das Ergebnis befriedigend ist.«

»Das ist selbstverständlich. Wenn du noch einen Rest hast, kann ich eine Platte oder ein paar Glasscheiben vorbeibringen . . .«

»Solange brauchst du nicht zu warten. Wir können das Glas nehmen, das du gerade gebracht hast, um eine Kultur anzusetzen, dann hast du schon einmal eine Probe. Mir ist klar, daß es dich schockiert, aber das Dach ist mir im Augenblick wirklich egal. Die Stadt und ein paar Reservedepots kann man von hier aus zu Fuß erreichen. Um mich brauchst du dir keine Sorgen zu machen.«

»Na ja; wahrscheinlich sieht man diese Dinge anders, wenn man in der Stadt aufwächst, als ein Nomade oder ein Außenseiterkind. Aber du hast keine Reserve hier. Willst du wirklich . . . ich meine . . .« Earrin unterbrach sich hilflos. Der Hiller lachte, und wenn Kahvi ihn jetzt gesehen hätte, hätte sie wohl keine Angst mehr vor ihm gehabt.

»Meinst du, ich wüßte nicht, was ich tue?«

»Nun, das nicht gerade, aber unter diesen Umständen . . .«

»Komm schon. Nur weil ich Sauerstoff atme, der es wert ist, anstatt dieses verdünnte Zeug wie du, bin ich doch nicht verrückt. Das willst du doch sagen, oder?«

Ich bin mir nicht sicher, was ich eigentlich sagen wollte. Auf jeden Fall habe ich ein komisches Gefühl bei der Sache.«

»Vergessen wir's. Ich hole ein Stück Stoff, und du machst das Glas fertig. Du kannst mir dabei helfen, und in ein paar Minuten bist du wieder draußen. Wenn du dich nicht gut fühlst, warum setzt du dann nicht die Maske wieder auf?«

»Hier drinnen? Aber das ist doch . . . weil . . .«

»Weil man nicht durch eine Maske atmen darf und Sauerstoffflaschen verbraucht, wenn man eine andere Möglichkeit hat. Schon gut. Einmal ein Nomade, immer ein Nomade. Würdest du lieber draußen weiterreden?«

»Ja.« Earrin antwortete, ohne nachzudenken, dann zögerte er. Wortlos nahm der andere seine Maske auf, aber sein Gesichtsausdruck sprach Bände. Er setzte die Maske auf und ging in die Schleuse.

Der Nomade wartete, bis sein überraschend zuvorkommender Gastgeber unter der Oberfläche verschwand, dann folgte er ihm unter Wasser.

Er kam nur drei Stufen weit. Ohne Vorwarnung ergriff eine Hand seinen Knöchel und zog ihm die Beine weg. Er schlug hart auf den Boden auf und riß ein Gestell um, dann verlor er das Bewußtsein.

IV

UNBEKANNTES: AUSGENOMMEN

Bones war vollkommen glücklich, er zitterte vor Erregung. Zwei Gebiete des Unbekannten konkurrierten um die Aufmerksamkeit des seltsamen Wesens und seiner Sinne. Ein menschliches Wesen aus der Jäger- und Sammler-Zeit hätte dasselbe gefühlt, wenn es vor einem riesigen Fleischberg gestanden hätte, mit der einzigen Frage, wo es zu fressen beginnen sollte. Die Jugendlichen des Zeitalters des Vergnügens und der Maschinen hatten viel später dieselben Probleme gehabt.

Der Beobachter kannte weder Sex, noch empfand er besondere Befriedigung beim Essen. Sein fischartiger Körper besaß einen Geschmackssinn, aber dessen Wertmaßstäbe wurden nur von der Frage nach dem richtigen Verhältnis von oxidierender und reduzierender Nahrung aufgestellt. Die einzige Befriedigung lag darin, festzustellen, ob eine bestimmte Nahrung noch dieselbe war wie beim letztenmal; das Stickstoffleben veränderte sich immer wieder, und Mutationen waren eher die Regel als die Ausnahme.

Die augenblickliche Situation war dagegen atemberaubend. Der Mensch Earrin hatte das Haus betreten, in dem sich ein anderes Mitglied seiner Spezies befand. Konnten sie wahrhaftig ihre Erinnerungen nur anhand dieses primitiven Lautsystems übertragen? Bones war sich da nicht sicher. Er verdächtigte Earrin und Kahvi, eine natürlichere Methode zu benutzen, doch bei diesen Gelegenheiten bevorzugten sie es, allein zu sein. Ihm fehlten Einzelheiten.

Einige hundert Meter entfernt, auf der anderen Seite des Hügels, war das Gebiet, auf dem es noch kurz zuvor gebrannt hatte. Wodurch war das Feuer entstanden? Was hatte die Pflanzen in Brand gesetzt? War es ausgebrannt, weil es alles Brennbare drumherum vernichtet hatte, oder hatten weitere Menschen damit zu tun? Bones kannte die Gegend von früher, aber sein Gedächtnis bot ihm keine Antwort auf diese Fragen. In seinem Wissensschatz stellten das Depot und die andere Seite des Hügels Löcher dar. Der einzige echte gefühlsmäßige Trieb, den Bones' Rasse kannte, war der Drang, derartige Löcher aufzufüllen, obwohl das Bedürfnis, das erlangte Wissen mit anderen zu teilen, zeitweise genauso groß war. Welche Frage sollte er zuerst zu beantworten versuchen?

Das Depot lag natürlich näher. Die Tatsache, daß man ihn gebeten hatte, hier zu warten und Earrin zu helfen, falls es nötig war, erschien Bones nicht als schwerwiegendes Argument; er verstand nicht, warum der Mensch in dieser Situation Hilfe benötigen sollte. Er hatte bemerkt, daß sich die Hillers, aus welchen Gründen auch immer, von ihm fernhielten; aber daß Menschen in der Lage waren, sich absichtlich gegenseitig zu verletzen, wäre ihm niemals in den Sinn gekommen. Obwohl er Kahvis Sorge gespürt hatte, konnte er ihre Ursache nicht ergründen. Er hatte schon lange Zeit mit den Fyns zusammengelebt, aber erst langsam kam ihm zu Bewußtsein, daß menschliche Wesen eher Individuen als ein Kollektiv – wie seine Rasse – darstellten.

Wichtig war nur, Erfahrungen zu sammeln, und die Begegnung von Earrin und dem anderen Wesen würde ihm vielleicht mehr Wissen über die Menschen vermitteln.

Sekunden nachdem Earrin in der Schleuse verschwunden war, tauchte der Beobachter aus dem Wasser und lief auf das Gebäude zu. Er hielt sich dabei auf der Ostseite des Depots, um vom Hügel aus nicht gesehen zu werden, falls jemand aus dieser Richtung auftauchen sollte. Dabei beschäftigte ihn die Frage, warum noch niemand von dort gekommen war. Auch diese Frage verlangte nach Aufklärung, doch im Augenblick schien das Depot Interessanteres zu bieten.

Die untergehende Sonne blendete ihn, er konnte lediglich die

Umrisse der beiden ausmachen. Offensichtlich benutzten sie die Lautsprache, aber er verstand nur einzelne Worte.

Bones überlegte, ob er in die Schleuse kriechen und von dort aus weiterhorchen sollte, aber das versprach auch keine Verbesserung. Außerdem würde er dann nicht bemerken können, wenn sich noch jemand näherte. Vielleicht würde Kahvi kommen, um ihm zu helfen, sie konnte übersetzen . . . nein, sie hatte unmißverständlich klargemacht, daß sie auf dem Floß bleiben wollte. Bones hatte nicht mehr Geduld als ein Mensch in vergleichbarer Lage, und er begann nachzudenken, ob nicht die Möglichkeit bestand, etwas Produktiveres zu tun. Seine Aufmerksamkeit ließ nach, und so verpaßte er den Augenblick, in dem einer der Menschen auf die Schleuse zuging und eine Maske aufsetzte. Ein plötzlicher Laut zog seine Aufmerksamkeit auf das Wasserbecken, das nur wenige Meter von ihm entfernt war.

Es war ein Schrei, der von einer Maske gedämpft wurde. Bones verdrehte ein Auge rechtzeitig in die Richtung, um noch einen Kopf zu sehen, der hastig unter der Wasseroberfläche verschwand. Einen Moment lang stand Bones unschlüssig da. Dann erfaßte sein anderes Auge Bewegungen im Innern des Gebäudes.

Die Gestalt, die gerade noch gestanden hatte, fiel plötzlich, ohne daß ein Grund ersichtlich war. Der andere tauchte aus dem Becken und warf sich über den Liegenden, offenbar um diesem die Maske abzunehmen. Bones vergaß seine Vorsätze und sprang in die Schleuse.

Er dachte nicht daran, Earrin zu helfen – Bones wußte nicht einmal, daß Earrin derjenige war, der gefallen war. Er dachte auch nicht an die Möglichkeit, daß Gewalt angewendet worden war. Aber etwas war passiert, das sich nicht mit seinen bisherigen Erfahrungen deckte, und er wollte herausfinden, was der Grund dafür war.

Trotz seiner Größe war Bones schlank genug, um ohne Schwierigkeiten unter der Wand durchzukommen; zwei oder drei Sekunden reichten, um die Schleuse zu durchqueren. Menschliche Augen hätten sich in dem dunklen Raum erst einmal anpassen müssen, aber die des Beobachters reagierten schneller. Trotzdem kamen anfangs nur wenige Informationen.

Die Person auf dem Boden war Earrin Fyn, aber was der andere tat, war noch nicht erkennbar. Als er Bones bemerkte, sprang er sofort auf.

Er hatte keine Maske auf, und seine Worte kamen ungedämpft, aber Bones verstand sie nicht. Die Aktionen dagegen, die folgten, waren aufschlußreich; der Beobachter war nicht willkommen. Der Junge ergriff eine meterlange Stange und schlug nach ihm. Bones duckte sich und schützte seine Augen, aber der Hieb traf seinen Kiefer. Der zweite Schlag lag tiefer, die Stange erwischte die knochigen Rippen seiner linken Seite. Bones hatte keinen ernsthaften Schaden davongetragen, nicht annähernd genug, um eine harte Reaktion zu rechtfertigen, doch die Schläge waren schmerzhaft gewesen und hatten ihm keine weiteren Informationen vermittelt. Bones Reaktion war beinahe menschlich, der nächste Schlag wurde kurz vor seinem Ziel gestoppt.

Seine oberen Tentakel holten aus, der eine ergriff die Stange, der andere peitschte gegen die nackte Brust des Mannes. Er hinterließ einen zehn Zentimeter langen Streifen, und der andere wurde schreiend zu Boden geschleudert. Dann stieß er ein paar Worte hervor, von denen einige anscheinend an Fyns reglose Gestalt gerichtet waren, und nahm eine Atemmaske und Sauerstoffpatronen vom Tisch neben ihm. Er schien Schwierigkeiten zu haben, sie anzulegen; Bones, der noch nie ein menschliches Wesen in Panik gesehen hatte, hätte am liebsten seine Hilfe angeboten, doch glücklicherweise verharrte er bewegungslos, bis der Hiller fertig war.

Der Junge verschwand im Wasserbecken, nachdem er vorsichtig um Bones herumgegangen war, um außerhalb seiner Reichweite zu bleiben, und einen letzten Schwall Worte hervorgestoßen hatte, bevor er untergetaucht war. Bones wollte ihm folgen, doch Fyns bewegungsloser Körper war nicht weniger rätselhaft, und der Beobachter blieb.

In der Zeit mit der Familie hatte der Beobachter viel gelernt. Bewußtlosigkeit in der Nacht und nach großen Anstrengungen war ihm bei den Menschen ein vertrautes Phänomen, aber es war ungewöhnlich, daß es hier so abrupt eingetreten war. Außerdem hatte Fyn in den letzten Stunden trotz harter Arbeit keine der üblichen Symptome, die diesen Zustand ankündigten, gezeigt. Und es war auch noch nicht Nacht. Unzweifelhaft war der Mann am Leben; der Körper blies sich mit Luft auf und stieß sie wieder hervor, eine endlose Bewegung, die, wie Bones wußte, die Aufnahme von Sauerstoff bedeutete. Die Entdeckung, daß diese Lebewesen für ihren Energieverbrauch nur Sauerstoff und kaum Stickstoff benötigten, hatte Bones zu einer verzweifelten Suche nach einer anderen Einheit getrieben, mit der er sein Wissen teilen konnte. Das paßte so exakt in die alte Hypothese, daß bewohnbare Planeten immer eine Phase durchliefen, in der sich freier Sauerstoff in der Atmosphäre befand, bevor sie ihre endgültige Gashülle entwickelten . . .

Die Fyns hatten niemals herausgefunden, warum ihr seltsamer Freund einen Monat lang verschwunden war.

Bones hatte zuwenig Informationen, um einem Menschen erste Hilfe leisten zu können, damit mußte Earrin selbst fertig werden. Die Beule an seinem Hinterkopf war nicht groß genug, um von den riesigen Augen entdeckt und dem fremdartigen Nervensystem registriert zu werden. Wahrscheinlich lag es an dem hohen Sauerstoffgehalt im Depot, daß Earrin sich so schnell erholte, aber das konnte Bones nicht erkennen. Für einen Beobachter war eine Gasanalyse etwas, das mit der nötigen Ausrüstung problemlos ausgeführt werden konnte; aber da sie keine Atemorgane entwickelt hatten, besaßen sie auch keinen Geruchssinn. Entsprechende Sinnesorgane, mit denen sie Pflanzen untersuchen und finden konnten, hatten sie auf der Haut und im Mundbereich, doch Bones konnte Sauerstoff und Stickstoff nicht unterscheiden, wenn er dabei auf seine Sinne angewiesen war.

Draußen war es fast dunkel, als Earrin seine Augen öffnete. Er konnte den Eingeborenen erkennen, aber es war zu dunkel, um Gesten auszutauschen, deshalb konnten sie einander nicht verständlich machen. Natürlich wußte er, daß der Eingeborene keine Stimmorgane besaß, und er und seine Frau waren auch zu dem Schluß gekommen, daß Bones' Gehör Einschränkungen unterlag, obwohl sie den Grund dafür niemals herausgefunden hatten. Die Menschheit hatte den größten Teil ihrer wissenschaftlichen Kenntnisse verloren, ausgenommen die Chemie, und weder Kahvi noch er selbst wußten etwas über akustische Gesetzmäßigkeiten. Die Erklärung, daß Bones' Art weder Tonhöhe noch Klangfarben unterscheiden konnte, hätten sie sowieso nicht verstanden. Sie wußten nur, daß ihr eigenartiger Mitarbeiter bestimmte Worte nicht erkennen konnte, und daß es notwendig war, sich mit ihm durch Zeichensprache zu verständigen.

Obwohl sie sich jetzt nicht verständigen konnten, bemerkte Bones sofort, daß Earrin nicht aus eigener Kraft auf die Beine kam. Seine Tentakel halfen nach. Earrin war verwirrt, er hatte keine Erinnerung daran, was geschehen war. Er suchte nach seiner Maske, fand sie, setzte sie auf und ging hinaus.

Draußen war es noch hell genug, um sich zu verständigen. Earrin versuchte Bones das Problem eines Sauerstoffsüchtigen zu erklären, und der war hocherfreut über die Informationen, aus denen er seine Schlüsse ziehen konnte. Endlich hatte sich erwiesen, daß Menschen tatsächlich Individuen ohne die Möglichkeit zu direkter Kommunikation waren. Das warf so viele Fragen auf, daß dem Beobachter ganz schwindlig wurde. Was geschah in einem menschlichen Wesen, bevor es lernte zu sprechen?

Earrin und Kahvi hatten den Ableger Danna behalten – aber wie wußten sie, daß es eine vollständige Kopie war? Zwei weitere waren seitdem produziert worden, die sie nicht behalten hatten, doch anstatt sie zu essen, waren sie vergraben worden. Warum? Waren diese fehlerhaften Kopien ein Risiko? Und wie wurden die Menschen damit fertig, daß das erlangte Wissen zum größten Teil nicht übertragen werden konnte, sondern vernichtet wurde, wenn die Einheit, die es gesammelt hatte, seine Existenz einstellte? Psychologie war ein vollkommen neues Gebiet für ein Wesen, das bisher nur ein einziges Bewußtsein gekannt hatte.

Fyn war mit weniger abstrakten Überlegungen beschäftigt. Er fragte sich, wo der Hiller hingegangen war. Der kürzeste Weg war natürlich über den Hügel zur Feuerstelle, nach Westen. Doch da Earrin lange bewußtlos gewesen war, hatte der Junge genug Zeit gehabt, um auch in andere Richtungen zu verschwinden – nach Norden, zum Ende der Kantonhalbinsel, oder südlich in Richtung der Stadt, zu den Blue Hills. Vielleicht hatte Kahvi gesehen, welche Richtung er genommen hatte, aber das war unwahrscheinlich. In diesem Fall wäre sie herübergekommen, um nachzusehen, was mit Earrin passiert war.

Offensichtlich konnte er nichts anderes tun, als zum Floß zurückschwimmen und den anderen zu erzählen, was geschehen war. Dabei wurde Danna vollkommen selbstverständlich in Familiendiskussionen einbezogen.

Doch heute nacht sollte es keine Diskussion geben.

Bones, der viel größer als Fyn war, sah die Bewegung als erster und reagierte sofort wie abgesprochen. Seine schlanke Gestalt verschwand ohne einen Laut im Ozean, ohne ein Zeichen zu geben.

Earrin wußte auch so, was los war.

Die wahrscheinlichste Richtung war immer noch Westen. Er drehte sich um und sah, wie sechs menschliche Köpfe hinter dem Kamm hervorkamen. Sie hoben sich deutlich vom Himmel ab; aber er hoffte trotzdem, daß sie Bones nicht gesehen hatten. Auf jeden Fall mußte ihnen klar sein, daß Earrin im Depot gewesen war. Ob der Süchtige zu ihnen gestoßen war? Waren sie etwa Freunde des zwielichtigen Charakters? Fyn wußte immer noch nicht, was ihm zugestoßen war; vielleicht hatte der Hiller nichts damit zu tun gehabt und Hilfe geholt. Er konnte nur warten und hoffen, daß sie ihm keine unangenehmen Fragen über Eingeborene stellen würden. Gegenüber den Hillers war sein sozialer Status als Nomade schon ziemlich gering; wenn sie glaubten, daß er mit den »Tieren« zusammenarbeitete, würden seine Geschäfte wahrscheinlich empfindliche Einbußen erleiden. Als die Gruppe näher kam, erkannte Earrin, daß der Junge nicht bei ihnen war. Allerdings waren alle sechs in derselben Altersgruppe, zwischen sechzehn und siebzehn. Zwei von ihnen waren Mädchen. Eine der beiden ergriff das Wort, als die Gruppe ihn erreicht hatte.

»Du bist der Nomade Earrin Fyn, nicht wahr?« fragte sie.

»Ganz richtig.« Die Hillers benutzten nur gesprochene Worte, so wie alle Stadtbewohner. Fyn versuchte es erst gar nicht mit der Zeichensprache, die von der Familie selbst entwickelt worden war und nicht einmal anderen Nomanden bekannt war.

»Wir haben die bestellte Lieferung gebracht, Kupfer und Glas«, fügte er hinzu.

»Das sehen wir. Ist das alles, was ihr finden konntet?«

»Alles, was wir in der festgelegten Zeitspanne finden konnten. Wir mußten dafür das Floß vergrößern. Wir können noch oft fahren, aber mehr Kupfer können wir nicht besorgen, das wißt ihr. Glas könnt ihr haben, soviel ihr wollt.«

»Wo habt ihr das ganze Zeug gefunden?«

Fyns Lächeln wurde von der Maske und der Dunkelheit verborgen, aber man hatte sein Schweigen richtig gedeutet. Die Frage wurde nicht wiederholt.

»Das wird uns für den Anfang reichen«, sagte die Frau nach kurzem Schweigen. »Trotzdem werden wir in jedem Fall noch mehr brauchen, also wäre es gut, wenn ihr so schnell wie möglich wieder aufbrecht.«

Earrin hatte seine Selbstsicherheit inzwischen wiedergefunden.« Die Ladung muß erst bezahlt werden.«

»Selbstverständlich. Ich schätze, daß es hier an der Küste keinen Platz gibt, wo ihr euch entspannen könnt, während ihr wartet. Daß das Depot nicht mehr der passende Ort dafür ist, habt ihr vielleicht schon bemerkt.«

»Ja. Meine Frau und ich waren beide drinnen. Euer Erziehungssystem scheint nicht mehr richtig zu funktionieren.«

»Habt ihr Ärger gehabt?«

»Nicht direkt. Meine Frau hatte ein wenig Angst, aber er hat ihr nichts getan. Demnach, was ich von ihm aufgeschnappt habe, scheint er zu eurer Gruppe zu gehören, aber seinen Namen kenne ich nicht.«

»Er gehört zu uns.« Diesmal sprach einer der jungen Männer. »Hast du ihn allein besucht?«

»Ja. Ich habe doch gesagt, daß Kahvi Angst hatte. Was spielt denn das für eine Rolle?« Der Mann ignorierte seine Frage.

»Niemand außer dir und Rembert war im Depot?«

»Keine Ahnung. Ich weiß nicht einmal, was passiert ist. Irgend etwas hat mich umgeworfen . . .«

»Das war Rembert. Er hat erzählt, daß er zuerst dachte, du würdest mit den Invasoren zusammenarbeiten, als er einen . . .«

»Was für Invasoren? Was hat dieser Rembert danach gemacht?«

»Er ist zu uns gekommen.« Die Frau sprach wieder, keiner beantwortete seine Fragen. »War irgend jemand bei dir, als du aufgewacht bist?«

Earrin zögerte. Er war einfach nicht fähig zu lügen, wie alle Nomaden, aber er wollte die Existenz von Bones nicht erwähnen. Vielleicht schloß das Wort »jemand« nicht den Beobachter ein, da die Hillers die Eingeborenen nicht als intelligente Wesen ansahen; aber das wäre eine Verletzung der Regel, nämlich irreführende Kommunikation. Das war es, nicht das Wort »lügen«, was Fyns Gerechtigkeitssinn auf den Plan rief.

Sein Zögern hatte schon zu lange gedauert.

»War deine Frau da, als du erwacht bist?«

»Nein.«

»War irgendwer – menschlich oder nicht – dort?«

»Ja.«

»Rembert hatte recht«, schnappte die Frau. »Einer von ihnen folgt den Nomaden. Wir brauchen nicht zu wissen, wo es gerade ist – es ist sogar egal, wenn es im Depot ist. Bringt den Nomaden zum Hügel.«

»Aber meine . . .« Earrin machte eine hilflose Geste zum Floß.

»Deine Frau wird es eine Weile ohne dich aushalten. Wir werden dafür sorgen, daß sie die Bezahlung erhält. Du kommst mit uns. Wir brauchen einen Köder!«

V

GEFANGENER: NEUGIERIG

Bones schwamm sehr schnell, er blieb dabei völlig untergetaucht. Es gab keinen einsichtigen Grund, in der Nähe des Floßes zu bleiben, und er wollte unbedingt mehr über das Areal hinter dem Kamm wissen. Es gab nur einen Weg, dorthin zu gelangen, ohne von den Hillers gesehen zu werden. – Er mußte um die Halbinsel herumschwimmen, bis zu ihrem nördlichen

Ausläufer, oder sogar ganz herum bis an die Westküste. Es war jetzt dunkel, und selbst wenn sich an der Küste irgendwelche Leute aufhielten, mußte es möglich sein, unbemerkt an Land zu gehen.

Die Fyns und Bones waren schon mehrmals hiergewesen, er hatte selbst unter Wasser keine Orientierungsschwierigkeiten.

Die Sonne war verschwunden, aber die Dunstglocke, die die neue Atmosphäre der Erde gebildet hatte, reflektierte noch Licht, am Himmel war ein goldbrauner Streifen zu sehen. Doch das würde nicht mehr lange anhalten, das Wasser wurde allmählich undurchsichtig. Er mußte noch etwa einen Kilometer schwimmen, um zwischen die Sayreinseln zu gelangen, dann am Ende der Halbinsel vorbei nach Westen, einige hundert Meter, von dort aus nach Norden in die Bucht.

Das Wasser vor ihm trübte sich, und Bones schob vorsichtig ein Auge über die Oberfläche, die Seitenfinne darunter an den Körper gepreßt, damit sie nicht aus dem Wasser ragte.

Die Küste war verlassen, kein menschliches Wesen zeigte sich. Die Pflanzen an dieser Seite waren ungewöhnlich groß, fast so hoch wie Bäume. Dort wuchsen eine ganze Reihe nützlicher Pflanzen, natürliche und Pseudoleben. Verschiedene Ansammlungen von Newellgewebe, dem porösen Material, aus dem die Fyns ihr Floß gebaut hatten. Harthölzer, Stickstoffgewächse, die für den Bau von Häusern gebraucht wurden; riesige Gestrüppe des Yamatiyastoffes, aus dem Stricke und Taue gedreht wurden. An solchen Plätzen waren auch nachts häufig Menschen anzutreffen, die mit Sammelarbeiten beschäftigt waren und auch dort schliefen. Bones tauchte wieder unter und begab sich auf die Westseite, drei-, vierhundert Meter weiter.

Auch hier war die Küste nahezu ein Dschungel, aber die Vegetation war für Menschen uninteressant; verschiedene Arten des schleimigen Stickstofflebens, Dornbüsche und Überreste weiterentwickelter Arten. Die Menschen konnten nicht überall sein, und hier war ihr Auftauchen unwahrscheinlich.

Das Wasser war spiegelglatt. Bones richtete sich kurz auf, um mit beiden Augen die Küste inspizieren zu können. Sie drehten sich in entgegengesetzten Richtungen. Dann huschte Bones geduckt über die paar Meter Strand und verschwand in der dichten Vegetation. Er hörte keinen Laut, der einer menschlichen Stimme glich, obwohl er sich da nie ganz sicher sein konnte.

Einige Minuten angestrengten Lauschens vergingen, aber es schien ihn niemand bemerkt zu haben. Langsam, behutsam und so leise, wie es dem Beobachter möglich war, arbeitete er sich landeinwärts durch die teils schlüpfrigen, teils spitzen Pflanzen. Sein Weg führte ihn auf die Spitze des Hügels zu, an dem am Nachmittag das Feuer ausgebrochen war, doch er konnte keine Spuren eines Brandes entdecken. Er ging im Zickzack, immer wieder zur Seite ausweichend, hatte aber lange Zeit kein Glück. Das war überraschend; es war schwer zu glauben, daß das Feuer keine große Fläche bedeckt hatte. Es war vollkommen dunkel, weder der Mond noch der Komet waren erschienen, doch Bones' Augen waren menschlichen weit überlegen.

Es gab auch keine Laute, die neue Informationen mit sich brachten. Die Blätter, Zweige und Äste verschiedener Pflanzen wurden von einer leichten Brise bewegt und raunten im Hintergrund. Aber es gab keine großen Tiere mehr auf der Erde, ausgenommen Beobachter und Menschen. Bones war sicher, daß niemand in seiner Nähe war. Möglicherweise war das Feuer doch natürlichen Ursprungs gewesen, dennoch waren die Menschen, die Earrin mitgenommen hatten, von dieser Seite gekommen. Es war möglich, daß ein Teil ihrer Gruppe hiergeblieben war. Er mußte vorsichtig sein.

Er wurde aus seinen Überlegungen gerissen, als er einen vagen Eindruck von Hitze empfand. Bones drehte sich langsam, bis seine Seitenfinnen die Wahrnehmung lokalisiert hatten, und sekundenlang starrten seine riesigen Augen in die Richtung, aus der er die Wärme wahrnahm: nach Norden. Langsam lief er los. Anfangs störte ihn die dichte Vegetation, die seine Sinne behinderte, doch zweihundert Meter weiter wurden die großen Pflanzen seltener. Er konnte jetzt auch besser sehen. Vor ihm flimmerte die Luft und verwandelte die Sterne in tanzende Lichtpunkte. Dort mußte die Hitzequelle liegen, etwa fünfzig Meter voraus.

Vor ihm lag ein langgezogener Steinhaufen, knapp einen Meter hoch. Es schien eine primitive Mauer zu sein. Ein zehn Meter breiter Streifen davor war von Pflanzen befreit worden, und der

Boden war warm. Die Mauer umgab ein Gebiet von etwa fünfzehn Metern Durchmesser, dessen Boden mit Kohlen bedeckt war, die noch glühten.

Hier waren zweifellos Menschen am Werk gewesen, doch was für einen Sinn hatte ein derart großes Feuer? Wollten sie hier etwas untersuchen, oder befriedigten sie hier Bedürfnisse, die ihm fremd waren? Ganz sicher nicht das Bedürfnis nach Nahrung. Was würden Earrin oder Kahvi mit so etwas anfangen können? Bones war ebenso willig, Hypothesen aufzustellen wie menschliche Wesen, war aber mit solchen Ergebnissen nicht zufrieden.

Der Drang nach Wissen, der seine Rasse erfüllte, war nicht mit einem »vielleicht« zufriedenzustellen. Er würde noch mehr Beobachtungen anstellen müssen, um die Fakten richtig einordnen zu können.

Der Stein war eine typische Menschenarbeit, allerdings fehlte jegliche Art von Mörtel oder Zement. Das konnte wegen der Hitze sein . . . halt, keine voreiligen Schlüsse! Die Steine selbst waren in der Gegend überall zu finden, und zeigten keinerlei genormte Form. Bones war ein paar tausend Jahre zu spät auf der Erde, um den typischen New-England-Wall zu kennen – die Erosion, die mit der atmosphärischen Veränderung Hand in Hand gegangen war, hatte solche Bauten längst verschwinden lassen –, und archäologische Implikationen waren ihm fremd. Der Beobachter war sich jetzt sicher, daß sie die Erde früher nach dem atmosphärischen Wandel erreicht hatten als je eine Welt zuvor. Mit Sicherheit war es auch das erste Mal, daß die Beobachter eine große, aktive Rasse gefunden hatten, die die Zeit des freien Sauerstoffs überlebt hatte; doch Spekulationen über diese Rasse und den Wandel selbst waren noch unbewiesen.

Die Steine waren unangenehm heiß, trotzdem versuchte Bones, sie anzufassen, um mehr über die Sache zu erfahren. Sie waren von krümeligem, trockenem Staub bedeckt, aber es war unklar, ob die Erde den fehlenden Mörtel ersetzt hatte oder die Steine nicht gereinigt worden waren. Bones vermutete das letztere, denn nicht alle Steine waren verschmutzt, und außerdem kannte er die Abneigung der Fyns gegen überflüssige Arbeit.

Diese Beobachtung zu verallgemeinern war zwar riskant, aber nicht unlogisch.

Was auch immer der Sinn des Feuers gewesen war, es schien gelungen zu sein; hier hielten sich keine Menschen mehr auf. Das Feuer war erst vor kurzem vollkommen ausgebrannt. Bones hatte oft genug Feuer beobachtet, um zu wissen, daß die Glut nicht lange anhielt, wenn kein freier Sauerstoff vorhanden war. Die Wesen, die das Feuer entzündet hatten, wären noch in der Nähe gewesen, wenn sie das Feuer ausnutzen wollten. Da sie fortgegangen waren, war ihre Rückkehr sehr unwahrscheinlich.

Als Bones zu diesem Schluß gekommen war, vergaß er seine bisherigen Vorsichtsmaßnahmen und lief um die Feuerstelle herum, ohne in Deckung zu bleiben. Das erwies sich – ebenso wie seine Überlegungen – als Fehler.

Plötzlich erklangen menschliche Stimmen aus der Richtung, in der die Küste lag, an der die Nomaden gelandet waren. Er hatte noch Chancen zu verschwinden, ohne gesehen zu werden. Die fischähnliche Gestalt ließ sich auf seine sechs Tentakel nieder und raste so schnell wie möglich die Überreste der Mauer entlang. So zerbrechlich die Tentakel auch aussahen, diese Geschwindigkeit hätte ein menschliches Wesen höchstens ein paar Sekunden lang mithalten können. Der Energiehaushalt seines Körpers lag bedeutend höher als bei den Menschen, deren Biochemie von freiem Sauerstoff abhängig war. Dennoch, diesmal war er nicht schnell genug.

Bones erhob sich kurz, um die Entfernung zu den Menschen abzuschätzen, und sofort erhob sich ein Riesengeschrei – ohne Zweifel ein Entdeckungslaut, obwohl die Worte unverständlich blieben. Bones ließ sich wieder zurückfallen, doch das Knacken und Rascheln der Büsche zeigte ihm, daß die Menschen ebenfalls ihre Geschwindigkeit erhöht hatten. Der Beobachter war für sie zwar jetzt unsichtbar, obwohl der Mond inzwischen aufgegangen war, aber sie hatten genug gesehen.

Bones lief schräg an der Mauer vorbei, nach Osten. Er konnte hören, daß die Verfolger jetzt ausschwärmten, um zu verhindern, daß er zwischen ihnen durchbrach. Es sah so aus, als ob er es über den Hügel bis zum Meer schaffen würde. Das würde reichen, denn im Wasser wäre es sinnlos gewesen, ihn zu verfolgen. Menschen waren einfach nicht dafür gebaut, sich schnell im Wasser fortzubewegen.

Bones erreichte nicht einmal den Hügel. Mehr als fünfzig Meter vor dem Ziel wurde der Boden plötzlich unpassierbar. Wo er auch hintrat, unerträgliche Schmerzen durchzogen sofort den Tentakel. Er konnte nicht erkennen, woran das lag, aber es war unmöglich, weiterzulaufen. Die mysteriöse Substanz hatte sich inzwischen auf die Tentakel übertragen. Ganz egal was er berührte, es schmerzte höllisch.

Bones blieb stehen, und untersuchte vorsichtig den Boden um ihn herum. Manche Stellen waren sicher, andere produzierten noch mehr Schmerzen. Der Beobachter hob einen der verletzten Tentakel an und untersuchte ihn mit den sensiblen Sinnen, die um seinen Mund angesiedelt waren. Die Ursache war einfach genug; die harte Haut war mit unzähligen Splittern übersät, wahrscheinlich Glas. Er konnte sie von den oberen und mittleren Tentakeln entfernen, aber an seine Hinterbeine kam er nicht heran. Er konnte nicht weiter, und als die Menschen ihn fanden, war er noch damit beschäftigt, die teuflischen Dinger herauszuziehen.

Es waren fünf. Sie umschwärmten den Beobachter, und er hoffte, daß sie ebenfalls mit dem Glas Schwierigkeiten hätten; aber diese Hoffnung zerschlug sich sofort. Im Mondlicht konnte er erkennen, daß ihre Füße mit Stoff bedeckt waren, und obwohl Kahvi und Earrin nie Schuhe trugen, kannte ihr nichtmenschlicher Gefährte das Prinzip schützender Hüllen aus ihrer Überlebensausrüstung.

Bones verstand ein paar Worte, aber ohne die Hilfe von Gesten konnte er sie nicht in Zusammenhang bringen. In der Erinnerung der Beobachter hatten Stadtmenschen ihre Feindseligkeit meist durch Steinwürfe und Beschimpfungen zum Ausdruck gebracht. Es gab keine Erinnerung an eine Gefangennahme – zumindest war sie nicht übertragen worden. Dieser Gedanke war ziemlich düster, denn ein Beobachter entwickelte so etwas wie Angst vor dem Tod nur, wenn es unmöglich schien, neue Informationen weiterzugeben. Seit vielen Monaten hatte Bones nicht mehr Erinnerungen mit einer anderen Einheit ausgetauscht. Das hatte in ihm ein wenig Unbehaglichkeit hervorgerufen, aber keine ernstliche Sorge. Schließlich gab es nur wenige Einheiten auf diesem Planeten. Solange ihre Bewegungsfreiheit aber nicht eingeschränkt war, mußte es zu gelegentlichen Begegnungen kommen.

Nun war seine Freiheit eingeschränkt, und Bones fühlte sich wie jemand, der inmitten eines Waldbrandes steht. Die Kontrolle der Situation lag nun in anderen Tentakeln.

Die Gruppe hatte einige Probleme mit dem Transport ihres Gefangenen. Bones sah keinen Grund, sich steif zu halten, und annähernd drei Meter weichen Fisch, weit über hundert Kilogramm wiegend, zu transportieren, ist eine schwierige Angelegenheit. Sie schafften es schließlich, ohne ihn an den Tentakeln über den Boden zu schleifen. Bones dämmerte es erst viel später, daß sie das hätten machen können, und warum sie es nicht taten. Zwei von ihnen schulterten die gummiartige Masse vorn, direkt hinter den Augen, zwei weitere standen ein Stück weiter hinten. Der fünfte hielt die Schwanzflossen. Die Gruppe ging zurück, in Richtung der Feuerstelle, und einen Moment lang überlegte Bones, ob sie eine Feuerbestattung mit ihm durchführen wollten. Dann bogen sie südwärts ab, zu dem großen Hügel, und seine Spannung verflog.

Sie wanderten mehr als eine Stunde lang, mal aufwärts, mal talwärts, mal direkt auf den Big Blue zu, dann wieder ein Stück seitwärts. Bisweilen gingen sie auch in die andere Richtung. Bones war sich nicht sicher, ob die Einzelheiten ihres Weges erinnerungswert waren, aber er speicherte alles; vielleicht war es notwendig, Earrin und Kahvi diese Reise genau zu beschreiben.

Schließlich erreichten sie einen schmalen Strom, der sich zwischen den Hügeln bis zur Ostküste schlängelte. Ein Steinhaus, ähnlich gebaut wie das Depot, zeichnete sich im Mondlicht ab. Mit dem Wasser des Baches war eine Luftschleuse improvisiert worden, deren Eingang aber bedeutend kleiner war als der des Gefängnisses. Die Träger brauchten eine ganze Weile, um Bones hindurchzubugsieren, dann waren alle im Innern. Die Leute nahmen ihre Masken ab und hängten ihre offenen Sauerstoffpatronen an die Wände, um sie aufzufüllen.

Bones überlegte, ob er gewöhnliche Menschen oder Sauerstoffabhängige vor sich hatte, wie Earrin sie ihm beschrieben hatte, aber er konnte es nicht feststellen. Vom Boden aus konnte er nicht erkennen, was für Pflanzen in den Gestellen hingen. Die Menschen plauderten noch eine Zeitlang, aber nach und nach schliefen sie alle ein. Sie hatten ihren Gefangenen nicht gefesselt, offenbar gingen sie davon aus, daß die Glassplitter seinen Tatendrang genügend bremsen würden. Das war durchaus richtig. Sonst wäre die Flucht ein Kinderspiel gewesen. Das Dach war noch niedriger als im Depot, und wenn Bones hätte aufstehen können, hätte er es mit dem Kopf durchstoßen können. Falls die Hillers ähnlich wie die Nomaden reagieren würden, würden die meisten von ihnen hierbleiben und das Dach reparieren, anstatt ihm zu folgen.

Doch schon die geringste Bewegung bereitete ihm Schmerzen. Das Glas schien sich mit der Zeit tiefer hineinzubohren.

Es war noch dunkel, als die Reise weiterging. Die Gruppe mußte noch zusätzliche Patronen gehabt haben; nicht einmal in einer puren Sauerstoffatmosphäre hätten sich die leeren Patronen so schnell auffüllen können. Wie am Abend zuvor hielten sie es für selbstverständlich, daß ihr Gefangener nicht aus eigener Kraft gehen konnte.

Es wurde fast übergangslos heller, und Bones war überrascht, als er sah, wie kurz die Strecke war, die sie bis jetzt bewältigt hatten. Die Ankerstelle des Floßes lag kaum einen Kilometer entfernt; von jedem Hügel aus konnte er es sehen. Der Strom, der an dem Gebäude verlief, in dem sie die Nacht verbracht hatten, mündete fünf-, sechshundert Meter vom Gefängnis entfernt ins Meer. Die Nachtwanderung schien viel langsamer vor sich gegangen zu sein, als der Beobachter vermutet hatte.

Sie hielten nicht auf einen der Eingänge in den Blue Hills zu, die Bones kannte. Ihr Ziel war anscheinend eine kleine Ansiedlung, die etwas näher lag, nämlich Hemenway. Weder Kahvi noch Earrin hatten jemals erwähnt, daß die Stadt so weit reichte, aber das war natürlich kein Beweis, daß es nicht so war. Außerdem gab es auch keinen Hinweis, ob der Gefangene überhaupt in die Stadt gebracht werden sollte.

Trotz seiner scharfen Augen konnte Bones auf dem Floß niemanden erkennen, aber ein Dutzend Leute arbeiteten an der aufgestapelten Fracht am Strand. Er konnte nicht genau erkennen, was sie dort taten, bevor es wieder abwärts ging und er sie aus den Augen verlor.

Sie kamen schneller als in der Nacht voran, gingen aber wieder einige Umwege. Die Sonne stand bereits ziemlich hoch, als sie ein großes Becken zwischen Hancock und der Ostseite von Hemenway erreichten. Bones kannte die Namen der meisten Plätze in dieser Gegend; Nomaden pflegten sie zu benutzen, und von der Bucht aus konnte man die Hügel gut einsehen. Die Nomaden hatten eine fanatische Vorliebe für Namen und Bezeichnungen, weil sie immer eine eindeutige Kommunikation bevorzugten; ein Name war eine bessere Definition – und eine schnellere – als so etwas wie »der zweithöchste neben dem Big Blue, im Osten – da drüben, der mit der dunkleren Vegetation und der Wolke am Gipfel«. Sogar Bones' schwerfälliges Gehör verstand gewöhnlich langsam gesprochene, vielsilbige Worte.

Das Becken war künstlich angelegt, offenbar eine Luftschleuse, obwohl es groß genug war, um ein Dutzend Leute gleichzeitig passieren zu lassen. Diesmal hatten sie keine Probleme mit Bones, dessen Körpergewebe sehr dicht war und deshalb unter Wasser kaum Auftrieb hatte.

Alle Überlegungen, was mit ihm geschehen würde, seine Sorge um die Fyns, alles das verschwand aus Bones' Gedanken. So weit die Erinnerung reichte, war noch kein Beobachter jemals in einer Stadt der Menschen gewesen. Sogar die ominösen Implikationen dieser Tatsache schrumpften zur Bedeutungslosigkeit; hier war eine Chance, zu lernen, zu beobachten, zu erfahren. Wie dieses Wissen weitergegeben werden sollte, war im Augenblick uninteressant.

Anfangs gab es wenig zu sehen. Die Schleuse ging in eine Höhle über, fünfzig Meter breit und lang und fünf oder sechs hoch. Das Licht war schwach, aber ausreichend; große, unregelmäßige Flecken an Wänden und Decke strahlten es aus. Er mußte herausfinden, was sie zum Leuchten brachte; so wie Bones die menschliche Technologie kannte, war Pseudoleben wohl die wahrscheinlichste Antwort. Seine Träger ließen ihm keine Zeit, genauer hinzusehen, sie schleppten ihn in einen Tunnel, der genug Platz für viermal soviel Leute geboten hätte.

Dutzende Menschen waren hier, aber die meisten schienen den Beobachter und seine jungen Fänger zu meiden. Einige schlossen sich der Gruppe an; alle sahen ziemlich jung aus, und es wurde viel geredet, aber wie üblich verstand Bones nur sehr wenig.

Mehrmals bog die Gruppe in andere Tunnel ab, in verschiedene Richtungen. Mit der Zeit verwirrte sich Bones' Orientierungssinn, der nicht weniger als menschliche Sinne von der Erinnerung abhängig war, wenn keine zuverlässigen Orientierungsmarken wie etwa die Sonne vorhanden waren.

Entlang den Tunneln waren zahlreiche Türen, einige standen offen, andere waren abgesperrt. Bones versuchte immer noch, seine Erinnerungen an den Weg in die richtige Reihenfolge zu bringen, als sie eine davon ansteuerten.

Der Raum, den sie betraten, war entweder eine Werkstatt oder eine Art Laboratorium. Überall lag Holz, Newellgewebe, und ähnliches Material herum. Auf Tischen türmten sich Werkzeuge aus Glas und Stein, sogar aus Kupfer, und halbfertige Gegenstände obskurer Natur. Auf der anderen Seite führte eine weitere Tür wieder hinaus.

Sie gingen hindurch. Der nächste Raum war praktisch leer, und durchmaß etwa zehn Meter. Ein Viertel davon war durch Gitterstäbe abgetrennt, die vom Boden bis zur Decke reichten. Es war zu dunkel, um zu erkennen, woraus die Stäbe bestanden, aber Bones zeigte sowieso kein Interesse dafür. Verglichen mit dem anderen Beobachter, der sich auf der abgesperrten Seite aufhielt, waren sie kein interessantes Studienobjekt.

VI

INVASOREN: UNAUFHALTSAM

Kahvi sah die Gruppe, die sich mit ihrem Mann unterhielt, kümmerte sich aber nicht darum. Natürlich hatten sie jemanden erwartet, der die Fracht abholte. Sie war mit den Routinearbeiten beschäftigt, die auf dem Floß anfielen; die Sauerstoffpflanzen mußten beschnitten und gedüngt werden, Früchte von den anderen Gewächsen geerntet werden, Danna gefüttert und unterrichtet werden. Sie achtete darauf, daß Danna jeden Handgriff mitbekam, verstand und nachvollziehen konnte. Eines Tages würde ihr Leben davon abhängen, daß sie diese unzähligen Einzelheiten perfekt beherrschte; ihre Eltern waren schon über die Zwanziger hinaus.

Der Zeltstoff mußte geprüft werden, ebenso das Material, aus dem die Flöße bestanden. Beides war Pseudoleben, dessen Produkte manchmal in unerwarteter und rätselhafter Weise weiterlebten. Ein Nomade hatte nie Leerlauf, wie es einem Städter passieren mochte.

Danna, für ihr Alter durchschnittlich intelligent, stellte ununterbrochen Fragen. An diesem Abend fiel ihr eine ein, die ihre Mutter eine Zeitlang voll in Anspruch nahm, so daß sie die Küste nicht weiter beobachtete. Danna wußte ziemlich viel über Pseudoleben: daß die Pflanzen lange vor der Veränderung aufgetaucht waren, sich selbst reproduzierten, verschiedene Formen hervorbrachten. Sie hatte schon eine ganze Reihe gesehen, nicht nur die Newellpflanzen, die das Baumaterial für das Floß produzierten, und die photosynthetischen Sauerstoffproduzenten, sondern auch die Metallsammler, die im Ozean lebten und Kupfer, Chrom und Uran an die Oberfläche brachten. Sie hatte das Prinzip verstanden, nach dem Pseudoleben von Menschen geschaffen und deshalb »künstlich« und nicht »natürlich« war. Schließlich war ihr auch bewußt geworden, daß ihre Eltern ein weiteres Kind erwarteten – sie war zu jung gewesen, um sich an die anderen zu erinnern, die schon wenige Tage oder Wochen nach ihrer Geburt gestorben waren – und sie hatte realistische Spekulationen über ihren eigenen Ursprung angestellt. Und jetzt wollte sie wissen, warum sie denn nicht künstlich war, wenn ihre Eltern sie gemacht hatten.

Kahvi hatte in der folgenden Diskussion nicht mehr Glück gehabt als all die Eltern vor ihr, aber es beschäftigte sie länger als eine Stunde. Am Ende ging Danna unbefriedigt und ein wenig gekränkt ins Bett, und ihrer Mutter fiel jetzt erst auf, daß Earrin nicht zurückgekehrt war.

Zuerst machte sie sich keine Sorgen. Ihr Mann half vielleicht, die Fracht wegzuschaffen, oder war unterwegs, um die Bezahlung entgegenzunehmen. Erst nach einigen Minuten, in denen sie sich die Sache noch einmal überlegte und dabei ins Dunkel starrte, suchte sie ihre Ausrüstung zusammen, legte sie an und glitt lautlos ins Wasser. Im Ozean gab es nichts, was ihr gefährlich werden konnte, außer dem hohen Säuregehalt, und daran hatte sie sich gewöhnt, wie ihre Vorfahren an das viel tödlichere Automobil. Den Wechsel der Atmosphäre hatte keine Tierrasse außer der menschlichen überlebt; und anders als bei den Stickstoffpflanzen, deren hohe Mutationsrate die Evolution vorantrieb, hatten sich keine neuen Tierrassen entwickelt, die mehr als mikroskopische Größe vorwiesen. Keine von diesen hatten sich zu Parasiten entwickelt, die sich auch auf menschlichem Gewebe wohl fühlten, aber einige griffen Sauerstoffkulturen und ähnliche Gewächse an.

Kahvi schwamm langsam auf die Küste zu, und beobachtete aufmerksam den Strand. Nichts war zu hören außer den Wellen, die leicht ans Ufer schlugen. Sie wartete eine Weile, aber da sich nichts tat, watete sie schließlich an Land. Dann tastete sie sich zur Fracht vor. Alles war noch da. Dann rief sie nach ihrem Mann. »Earrin? Wo bist du?«

Die Antwort kam nicht von Fyn. »Er ist fort, Kahvi Mikkonen, aber in Sicherheit.«

»Wohin? Und warum hat er mir nicht Bescheid gesagt? Wer bist du denn?«

»Hier wurde es ziemlich gefährlich, deshalb haben wir ihn mit auf den Hügel genommen.«

»Gefährlich? Wegen dem Feuer? Wir dachten, das wäre ausgebrannt.«

»Nicht wegen dem Feuer, das ist aus.« Die Stimme, zu Anfang etwa zehn Meter entfernt gewesen, kam jetzt näher, obwohl Kahvi den Sprecher nicht erkennen konnte. »Ich will dich nicht beunruhigen, aber du mußt es ja wissen. Dein Mann wird von einem Invasoren verfolgt.«

»Was ist denn ein Invasor? Und wer bist du? Ich kann deine Stimme nicht erkennen, aber . . .«

»Aber wir haben uns schon gesehen. Ich bin Jem Endrew. Wir kennen uns von früher, als ihr mir mal Kupfer besorgt habt. Du hast mit Sicherheit Invasoren gesehen; da draußen müssen sie einem doch öfters begegnen. Sie sehen aus wie ein – du hast wahrscheinlich noch nie ein Bild von einem Fisch gesehen.« Es klang, als hätte er weitersprechen wollen, und Kahvi vermutete, daß er so etwas wie »wahrscheinlich hast du noch nie ein Buch gesehen« unterdrückt hatte.

»Doch«, antwortete sie. »Sie sehen den Sammlern ähnlich, von denen wir das Kupfer holen.«

»Von denen habe ich noch nicht einmal ein Bild gesehen«, gab Endrew zu.

»Die Invasoren haben lange Körper, bis zu drei Metern. Fischgestalt, wie schon gesagt. Sie haben einen Schwanz und Flossen an den Seiten, darüber riesige Augen. Um den Mund herum haben sie kleine Fühler, genau wie unter den Augen. Sie sind ziemlich dünn, aber laufen schneller als Menschen. Hast du wirklich noch keinen gesehen?«

Kahvi wollte verneinen, aber ihre Gewohnheiten waren stärker.

»Natürlich kenne ich sie. Wir nennen sie nur nicht Invasoren. Ich wußte nicht, daß sie hier in der Gegend überhaupt vorkommen. Und habt ihr sie früher nicht als Tiere bezeichnet? Bis jetzt habe ich mir nur einen genauer anschauen können.«

Sie hatte Schwierigkeiten, den letzten Satz herauszubringen. Es war die Wahrheit, aber sehr leicht mißverständlich.

»Viel gibt es hier nicht«, gab Endrew zurück. »Du hast recht, wir haben sie Tiere genannt, aber inzwischen wissen wir es besser. Wie nennt ihr sie denn?«

Wieder war ihr Wahrheitsdrang stärker.

»Eingeborene.«

»Was? Das ist doch Unsinn! Ein Eingeborener ist eine Person, die an einem Platz geboren wird, wo seine Eltern und Großeltern ebenfalls herkommen, jemand, der dort hingehört. Diese Dinger gehören hier doch nicht hin! Wir sind die Eingeborenen!«

»Wieso denn?« fragte Kahvi verblüfft. »Wir können hier ohne Ausrüstung nicht einmal atmen. Wir brauchen Sauerstoff, der uns von künstlichen Pflanzen geliefert wird. Die paar natürlichen Sauerstoffproduzenten sind viel zuwenig, um eine atembare Lufthülle zu erzeugen. Ihr nehmt die alten Legenden zu ernst. Natürlich müssen wir irgendwo Eingeborene sein, aber nicht auf dieser Welt, das ist sicher.«

»Du warst auf einer Außenseiterschule, nicht wahr?« spottete der Hiller. »Die haben euch nichts von der Verwandlung erzählt. Früher konnte man nämlich die Luft atmen. Aber die Invasoren haben die Luft verändert und den ganzen Sauerstoff vernichtet.«

»Ich kenne diese Mythen über die Veränderung«, antwortete Kahvi«, aber darin werden Menschen, die sich der Wissenschaft bedienen, für die Verwandlung verantwortlich gemacht. Ich glaube nicht all das Zeug, das in den Außenseiterschulen gelehrt wird. Sie wollten mich nur davon überzeugen, daß es richtig war, mich mit zwölf Jahren außerhalb der Blue Hills auszusetzen.«

»Aus den Blue Hills? Du bist eine von unseren Nomaden!«

»Ich bin in den Blue Hills geboren worden, als das dritte Kind hochangesehener Eltern, und deshalb Außenseiter. Du bist wahrscheinlich zu jung, um dich daran zu erinnern. Außerdem hattest du selbstverständlich keinen Kontakt zu diesen Unerwünschten.«

Sie hielt inne, als ihr klar wurde, daß sie schon zuviel gesagt hatte. Weder sie noch ihr Mann machten sich allzuviel aus ihrem Exil; beide mochten das Nomadenleben, doch sie hatten beschlossen, daß es für den Handel besser sei, wenn sie sich ihren »Heimatstädten« nicht zu erkennen gaben. Die meisten Städter waren auf »ihre« Nomaden noch schlechter zu sprechen als auf andere; warum, hatten Earrin und sie nie ganz begriffen. Auf Endrew mochte dasselbe zutreffen.

Wenn das so war, zeigte er es nicht. Sein Tonfall blieb unverändert, als er fortfuhr. »Gut, daß du mir das gesagt hast. Das muß tatsächlich passiert sein, als ich noch sehr jung war; heutzutage werden kaum noch Leute ausgesetzt. Das letzte Mal war ich acht Jahre alt, und derjenige war älter als du. Vielleicht erzähle ich die Geschichte mal, wenn du bereit bist zu akzeptieren, daß sich die alten Mythen doch als wahr erweisen könnten.«

»Eine Außenseiterschulung reicht, danke.« Kahvi war kaum noch höflich. »Ich muß dir auch dafür danken, daß du mir das über meinen Mann gesagt hast, und daß ihr ihn vor dem Invasoren schützt. Es tut mir leid, daß du so lange warten mußtest. Du hättest zum Floß kommen sollen, um mir Bescheid zu sagen.«

»Dein Mann und die anderen waren schon aufgebrochen, als man mir sagte, daß ich hier warten sollte. Ich wollte euren Sauerstoff nicht verbrauchen, denn ich hatte ja das Depot, um meine Reserven aufzufrischen.«

»Nochmals vielen Dank. Ich wußte nicht, daß er gegen seinen Willen mitgenommen wurde.«

»Woher weißt – wie kommst du darauf?«

»Du hast es mir gerade verraten. Ist ja egal, wie. Ich habe keine Angst davor, was dieser Invasor mit Earrin macht, aber hoffentlich ist er bei deinen Freunden sicher. Ich werde jetzt schlafen gehen. Morgen früh komme ich wieder, um über die Fracht zu verhandeln – und meinen Mann. Freies Atmen.«

»Freies Atmen.« Er machte keinen Versuch, ihren Angriffen irgend etwas entgegenzusetzen, und ging ohne ein weiteres Wort fort, auf das Depot zu.

Kahvi kehrte zum Floß zurück, konnte aber nicht einschlafen. Sie machte sich eigentlich nicht allzuviel Sorgen um Earrin; sie konnte einfach nicht glauben, daß die Hillers, die wie alle Städter ihre überschüssigen Kinder aussetzten, um ihr allgemein hartes Schicksal ignorieren zu können, wirklich Gewalt anwenden würden. Was sie von ihm wollten, war ihr unklar, aber sie erwartete ihn wohlbehalten zurück.

Danna lag an ihrem Schlafplatz und atmete ruhig. Die Pflanzen rochen wie immer. Kahvi stand auf und untersuchte sie noch mal auf Parasiten. Bones' Abwesenheit war ungewöhnlich, aber nicht überraschend. Kahvi kannte sie gut genug, um zu wissen, daß sie am nächsten Morgen mit Informationen über alles, was an der Feuerstelle geschehen war, auftauchen würde. Da es seit Tagen keine Blitze mehr gegeben hatte, mußten die Hillers für das Feuer verantwortlich sein.

Was wollten diese Leute nur mit all dem Glas und Kupfer anfangen? Earrin und sie hatten sich die ganze Zeit darüber gewundert, aber keine sinnvolle Antwort darauf gefunden. Es gab nur wenige mögliche Verwendungszwecke für das Material.

Glas wurde als glatte Fläche für Gewebekulturen benötigt, und natürlich zum Schneiden. Kupfer wurde hauptsächlich für Kunstarbeiten verwendet, seltener wurde es zum Schmieden von Werkzeugen benutzt, die keine scharfen Kanten haben mußten.

Earrin war niemals in der Stadt am Blue Hill gewesen; die Stadt, die ihn ausgesetzt hatte, lag weiter im Norden. Kahvi war belesener als er, und er kannte das Stadtleben besser, weil sie nicht so jung ausgesetzt worden war. Die meisten Außenseiterkinder konnten, wenn es entsprechend viele Todesfälle gegeben hatte, wieder in die Gesellschaft zurückkehren, bevor sie das Schlüsselalter, zwölf Jahre, erreicht hatten. Kahvi hatte es gerade noch einen Tag früher geschafft, sich aber von der Anspannung der vorhergehenden Monate nie richtig erholt. Sie hatte die Schule, ihren Status, die Gruppe gehaßt, und am meisten hatte sie ihre Mitbürger gehaßt. Die Schule hatte ihr natürlich zu vermitteln versucht, daß das System wirtschaftlich, gerecht und natürlich wäre. Eine Stadt hatte nur für eine bestimmte Anzahl Menschen Luft; jedes Paar, das mehr als zwei Kinder hatte, mußte die überschüssigen auf die Außenseiterschule schicken, bis der Tod wieder Platz für sie machte. Die Eltern konnten dafür selbstverständlich nicht verantwortlich gemacht werden, sie waren ja nützliche Bürger. Die Kinder durften nicht getötet werden – das hätte Gewalt bedeutet. Sie wurden für ein Leben außerhalb der Städte aufgezogen, und wenn sie zwölf waren, ohne daß Platz für sie war, wurden sie ausgesetzt. Dabei wurde die Tatsache ignoriert, daß die meisten innerhalb weniger Tage starben.

Warum man nicht Geburten erst zuließ, wenn die Todesrate entsprechend war, wurde mit der Erfahrung begründet, die die Städte damit gemacht hatten; Todesmeldungen waren massenhaft gefälscht worden, so daß die Bevölkerung zu stark angewachsen war und die Sauerstoffreserven gefährdet wurden – zu den Pflanzen in der Stadt gelangte nur ein gewisses Quantum Sonnenlicht, und Versuche, photosynthetische Organismen im Freien zu züchten und den Sauerstoff in die Stadt zu transportieren, hatten selten Erfolg. Das Ergebnis war, daß innerhalb von zweitausend Jahren die Bevölkerung der Blue Hills auf ein

Viertel der ursprünglich zwölftausend geschrumpft war.

Kahvis Bitterkeit hatte niemals nachgelassen. Während ihrer Schulzeit und auch später, als sie in der Stadt leben durfte, waren Freunde von ihr nomadisiert worden. Sie hatte sie nie vergessen können. Nach ihrer Rehabilitation war sie oft hinausgegangen, in der Hoffnung, den einen oder anderen dort zu treffen, wo sich die Nomaden normalerweise aufhielten; sie hatte keinen einzigen wiedergesehen. Kurz nach ihrem sechzehnten Geburtstag hatte sie eins der Depots aufgesucht, die über das ganze Areal verstreut waren, um neu ausgesetzten Jugendlichen, die dort Außenarbeiten für die Stadt leisten mußten, eine Chance zum Weiterleben zu bieten. Dabei hatte sie menschliche Überreste gefunden, die nicht mehr zu identifizieren waren; das hatte ihr einen Schock versetzt, den sie nicht mehr überwunden hatte. Danach hatte sie sich in ihren Bemerkungen über das System nicht mehr zurückhalten können, und einige Monate später, als sie siebzehn wurde, hatte sie die Auszeichnung gewonnen, seit fünf Jahrzehnten der erste Erwachsene zu sein, der nomadisiert wurde. Einige Monate lang hatte sie in den verschiedenen Gefängnissen gelebt, um ihre Überlebensfähigkeit zu erproben, und dann Earrin mit seinem Floß getroffen.

Er war in dem üblichen Alter ausgesetzt worden, von der Stadt Beehive an der Küste von Maine, etwa hundertfünfzig Kilometer nördlich vom ehemaligen Boston. Er war sofort von einem erfahrenen Nomaden gefunden worden, der ihm den Umgang mit Flößen beibrachte. Der Mann war schon über dreißig gewesen und gestorben, als Earrin fünfzehn Jahre alt war.

Kahvi war mitgefahren, um von den Blue Hills und seinen Einwohnern wegzukommen. Die Liebe zu Earrin und deren Erwiderung war später dazugekommen. Ihre gelegentlichen Abstecher zu den Blue Hills hatten jedesmal Erinnerungen in ihr wachgerufen. Sie hatte gelernt, sie soweit zu unterdrücken, daß es ihr nichts mehr ausmachte – zumindest nicht mehr viel.

Ihre Erziehung hatte sie wegen ihrer Schwangerschaften anfangs ziemlich gehemmt, obwohl nur Danna überlebt hatte. Inzwischen hatte sie genügend Selbstvertrauen gewonnen, um selbst mit den Städtern unbefangen darüber zu reden. Doch das wäre gefährlich gewesen; wenn die Hillers etwas über Danna erfuhren, würden es einige von ihnen als ihre Pflicht ansehen, das Kind in die Außenseiterschule zu schleppen, natürlich nur zu ihrem eigenem Besten.

Kahvis Gedanken kehrten in die Gegenwart zurück. Invasoren? Earrin verfolgt? Offenbar hatten einige Hiller Bones gesehen, wahrscheinlich der Sauerstoffsüchtige aus dem Depot, der daraufhin zur Feuerstelle geflohen war; die Leute, die Earrin mitgenommen hatten, waren wohl von dort gekommen. Bonnes hatte mit Sicherheit nichts getan, um die Hillers zu erschrecken. Ob andere Beobachter in der Gegend waren? Und wenn, was konnten sie angestellt haben? Kahvi konnte nicht glauben, daß einer von ihnen einem Menschen etwas antun würde – wenigstens wollte sie es nicht glauben; in den letzten fünf Jahren hatten sie Danna oft in Bones' Obhut gelassen. Die Eingeborenen aßen Pflanzen, da es nichts anderes Eßbares gab. Sie atmeten nicht: wenn sie eine ausreichende Mischung aus Nitraten und Reduzenten hatten, benötigten sie nichts weiter. Ihr Hauptinteresse galt dem Sammeln von Wissen, wenn Bones kein typisches Beispiel war. Vielleicht war einer von ihnen in die Stadt eingedrungen, um seine Neugierde zu befriedigen; aber was sollte das den Hillern ausmachen? Die Kreaturen benötigten keinen Sauerstoff, folglich waren sie keine Belastung.

Und wie war die verrückte Idee aufgekommen, daß die Eingeborenen den Wandel herbeigeführt hätten? Kahvi kannte verschiedene Versionen der Legende, daß die Erde einst eine atembare Lufthülle gehabt hätte, aber sie hatte nie daran geglaubt. Es gab eine ganze Reihe Bücher, in denen Menschen geschildert wurden, die sich ohne Ausrüstung an der Oberfläche bewegten. Aber vielleicht war das zu selbstverständlich, um überhaupt erwähnt zu werden. Außerdem war die Kunst des Märchenerzählens so alt wie die Menschheit selbst. Manche Dinge waren einfach zu unglaublich, ganz egal wie unterhaltsam sie auch sein mochten.

Auf jeden Fall sahen die Hillers die Eingeborenen als sehr gefährlich an. Das mußte sie Bones erzählen, wenn sie wiederkam; die Eingeborenen waren noch nie sehr beliebt gewesen, aber diesmal schien es ernster zu sein. Sie vertraute Bones, sie war ein guter Freund; der Gedanke, daß sie von Hillers angegriffen werden konnte, war nahezu unerträglich.

Danna, die auf der anderen Seite gegenüber der Luke schlief, drehte sich, seufzte kurz und schlief weiter. Das ungeborene Kind bewegte sich leicht. Endlich schlief Kahvi ein.

Einige Stunden später erwachte sie. Der Mond über ihr war eine abnehmbare Dreiviertelscheibe, mit vier Stunden Verspätung vom Kometen gefolgt. Bald würde es dämmern. Kahvi setzte sich auf und blickte sich um.

See und Strand waren jetzt heller als bei Sternenlicht, aber dennoch war nur wenig zu erkennen. Es war fast windstill, nur eine leichte Brise schaukelte die Flöße und ließ die Reflexionen von Mond und Kometen glitzern. An der Küste war alles ruhig . . .

Nein. Etwas bewegte sich. Unten an der Fracht waren menschliche Gestalten, ein Teil des Materials war schon fortgeschafft worden. Was ging da vor? Hofften die Hillers etwa, die Fracht fortbringen zu können, ohne dafür bezahlen zu müssen? Das war schwer zu glauben, aber mindestens einer von ihnen war ein Sauerstoffverschwender, was nicht weniger unvorstellbar war.

Oder war einer von ihnen Earrin? Sie war nicht einmal sicher, daß es nur menschliche Gestalten waren, obwohl keiner so dürr wie Bones war. Nein, es waren gewöhnliche Menschen, Tatsache. Aber was machten sie? Jetzt hatten sie aufgehört und kamen zusammen, um zu diskutieren.

Sie gingen fort, in Richtung Depot. Es waren fünf, und alle bewegten sich langsam, als wären sie übermüdet. Kahvi sah zu, wie einer nach dem anderen in der Schleuse verschwand, eine reglose Landschaft hinter sich zurücklassend.

Kahvi besaß nicht Bones' unerstättlichen Drang nach Information, aber war wie jeder Mensch neugierig. Menschliche Wesen besitzen, sofern nicht im Reagenzglas geboren, auch andere Triebe, aber Neugierde ist eine gesunde menschliche Eigenschaft, besonders in einer Umwelt, in der nur das Verständnis aller Vorgänge das Überleben sichert. Der Hunger nach Wissen charakterisiert jedes intelligente Wesen, bis Alter und schwindende Vitalität die Überzeugung bringen, alles Wissenswerte bereits in Erfahrung gebracht zu haben. Kahvi war schon älter, über fünfundzwanzig, hatte aber bisher kaum Vitalität eingebüßt. Entweder schliefen die Hillers – oder sie redeten, wenn der reine Sauerstoff sie erst wieder frisch gemacht hatte.

Sie legte leise ihre Ausrüstung an, um Danna nicht zu wecken, und glitt ins Wasser. Bis zur Küste blieb sie unter Wasser, da sie sich am Mondlicht orientieren konnte. Sie tauchte vorsichtig auf; ringsherum bewegte sich nichts. Sie stand auf und rannte so leise wie möglich zum Depot. Die Schleuse lag vor ihr, vom Mondlicht beschienen, und sie wartete auf Wellen auf dem Wasser, die sie warnen würden, wenn jemand hinauskommen sollte.

Dann lief sie geduckt zur Nordwand, in den Schatten. Sie mußte kurz anhalten, um Atem zu schöpfen; danach kletterte sie auf das Dach, hob vorsichtig ihren Kopf über den durchsichtigen Stoff und blickte hinunter.

VII

GEFANGEN: BEDINGT

»Köder.« Earrin kannte das Wort nicht. Seine Ausbildung hatte ihm nur wenig über die Zeit vor dem Wandel vermittelt, und der größte Teil davon war sowieso Legende. Er hatte niemals einen Fisch oder ein anderes Tier gesehen, daß auf der Erde geboren war. Er wußte nichts vom Jagen, Fischen oder Fallenstellen. Auch für den Hiller, der das Wort benutzte, hatte es nahezu alle Bedeutungen verloren, die es einst gehabt hatte, bis auf die eine, entscheidende. Er versuchte nicht, Earrin es zu erklären.

»Vorwärts«, sagte er, sonst nichts. Der Nomade folgte ihm ein paar Meter, dann hielt er an und sah zum Floß zurück.

»Meine Frau muß wissen, wo ich hingehe, und wie lange ich wegbleibe. Wartet hier, ich werde ihr Bescheid sagen. Bin gleich zurück.«

Der Mann schüttelte den Kopf. »Wir können nicht so lange warten. Hier sind wir nicht sicher, und keiner weiß, wie lange du fortbleiben wirst. Einer von uns wird hierbleiben und deiner Frau Bescheid sagen, wenn sie beunruhigt ist.« Er gestikulierte, und einer der anderen ging zurück. Der Rest sammelte sich um

Earrin, als ob sie körperliche Gewalt anwenden wollten, um ihn zum Weitergehen zu zwingen. Der Nomade war überrascht, ärgerlich und neugierig; aber es schien ihm am klügsten, nur letzteres Gefühl zu zeigen. Er ging los und begann dabei zu reden.

»Ich verstehe immer noch nicht, wofür ihr mich braucht. Ich weiß nicht, was ›Köder‹ bedeutet, und ich weiß nicht, was es euch ausmacht, wenn mir irgend jemand folgt.«

»Dieser Jemand ist ein Invasor«, sagte eine der Frauen geduldig. »Vielleicht weißt du nicht, wie gefährlich sie sind – wir haben es selbst erst vor ein paar Jahren erfahren, und hatten noch keine Gelegenheit, es weiterzuerzählen. Wir würden gerne, aber wir schaffen es nicht zu den anderen Städten, und es gibt zu wenige Nomaden, die unsere Nachricht transportieren. Dich brauchen wir, weil du der einzige bist, der uns Kupfer besorgen kann. Wenn wir erst mal einen Vorrat haben, könntest du ein Nachrichtensystem mit Beehive, Providence und anderen Städten aufbauen.«

»Ich weiß auch nicht, was ›Invasor‹ bedeutet«, stellte Earrin fest. »Ich habe nichts gesehen, was mir gefolgt ist, außer einem Eingeborenen – ich habe noch nie etwas gesehen, was überhaupt jemanden verfolgen kann, außer Menschen und Eingeborenen. Ich habe gehört, daß ihr die Eingeborenen nicht besonders gut leiden könnt, aber gefährlich sind sie auf keinen Fall. Früher habt ihr sie ›Tiere‹ genannt, soweit ich mich erinnere. Meint ihr die mit ›Invasoren?‹«

Die Frau reagierte darauf viel kühler, als Endrew in einer Stunde auf dieselbe Frage von Kahvi reagieren würde. Zwar verhinderte die Maske, daß Earrin ihre Reaktion am Gesicht erkennen konnte, aber es war hell genug, um noch die Körper beobachten zu können. Als sie antwortete blieb sie ganz ruhig. Ebenso wie der Rest der Gruppe.

»Das stimmt schon, früher dachten wir, es seien Tiere. Das mußt du in der Außenseiterschule gelernt haben – aus welcher Stadt stammst du?«

»Beehive.«

»Also aus dem Osten. Nun, damals dachten wir, es wären einfach harmlose Tiere, die keinem gefährlich werden könnten. Sie aßen wilde Pflanzen und beobachteten die Menschen, ohne sie anzugreifen. Es war seltsam, daß sie so viel Zeit damit verbrachten, zu beobachten, und wir überlegten, ob sie vielleicht intelligent sind und unangenehm werden könnten, wenn wir im Freien Pflanzen züchten würden, wie es angeblich einige Städte versuchen.«

»Sie tun es wirklich«, warf Earrin ein.

»Nun, wir tun es nicht, also brauchten wir uns keine Sorgen deshalb zu machen.« Earrin überlegte, wen dieses »wir« wohl meinen mochte; alle in der Gruppe waren viel zu jung, um die Gedanken der Mehrheit in der Stadt repräsentieren zu können. »Dann, vor rund zwei, drei Jahren . . .«

»Eher fünf Jahre«, unterbrach einer der Männer.

»Vor einigen Jahren entdeckten wir, daß sie nicht nur Pflanzen essen, und daß sie gefährlich sind.«

»Was essen sie denn sonst? Was gibt es denn überhaupt sonst an Eßbarem?« fragte Earrin ahnungslos.

»Ich – ich möchte es eigentlich nicht sagen . . . aber . . . ich denke, ich werde es sagen müssen, damit du überzeugt bist. Vor ein paar Jahren hielt sich eine von uns draußen auf, und sah, wie eins von diesen Dingern eine Arbeitsgruppe beobachtete. Nach einer Weile verzog es sich von selbst zu einem Einschnitt auf dem Hügel, den man schlecht einsehen konnte. Sie hatte noch nie gesehen, daß sich eines von ihnen derart benahm, und ging hinterher, um es zu beobachten. Es stand auf und schien sich ein riesiges Stück Haut vom Bauch abzuziehen. Als es fertig war, legte es das Stück auf den Boden, wo es sich verdickte und vergrößerte und dann eines von ihnen wurde. Es hatte . . . es hatte . . .«

»Ist klar, es hatte ein Kind bekommen. Was ist denn daran so furchtbar?« Earrin, der so etwas noch nie beobachtet hatte, war interessiert, hatte aber kein Verständnis für die Schamhaftigkeit der Städter bei allem, was mit Geburt zu tun hatte. Diese Jugendlichen versuchten anscheinend, sich fortschrittlich zu zeigen, hatten dieses Verhalten aber noch nicht abgelegt.

»Darum geht es ja nicht. Es ist in Ordnung, Kinder zu kriegen. Aber nach einer Weile nahm es das Kind hoch, preßte es an sich . . .«

»Das ist doch auch normal. Wir haben – red weiter!«

»Dann . . . dann hat es . . . es . . . diese Kreatur fraß das Baby!«

Earrin fehlten die Worte. Ihm kam nicht in den Sinn, daß die junge Frau vielleicht übertrieben hatte oder sogar gelogen, obwohl ihm klar war, daß sich die Moral der Hillers stark von der Nomaden unterschied. Er schwieg einige Minuten lang, während es langsam dunkler wurde, und die Gruppe geradeaus nach Süden marschierte. Die Frau sagte auch nichts mehr, sichtlich zufrieden mit dem erzielten Effekt. Earrin wußte nicht, was er denken sollte, noch weniger, was er sagen sollte; seine Gedanken waren von den Konsequenzen der Entdeckung ausgefüllt. Bones hatte sich oft um Danna gekümmert, während ihre Eltern unterwegs waren. Schließlich fiel ihm noch etwas anderes ein.

»Du hast gesagt, daß ihr sie nicht mehr für Tiere haltet. Dieser Vorfall läßt sie doch noch eher als Tiere erscheinen, soweit ich über so was Bescheid weiß.«

»Das ist was ganz anderes. Über diesen Vorfall mit dem Kind wissen nur sehr wenige von uns – wir haben versucht, es den älteren Leuten beizubringen, aber die haben uns nicht einmal zu Ende erzählen lassen. Die reißt keiner aus ihrem Trott.«

Dem konnte Earrin nur zustimmen, aber er schlug vor, beim Thema zu bleiben.

»Schon gut. Ich vermute, daß du nicht besonders viel über wissenschaftliche Instrumente gelernt hast.«

»Ich finde es überraschend, daß ihr die Möglichkeit hattet.«

»Nun, natürlich liest man Bücher, von denen gesagt wird, daß man die Finger davon lassen soll. Einige von uns – genauer gesagt wir alle – haben eine Menge über solche – Sachen gelesen. Experimente . . .« ein oder zwei von den anderen murmelten bei dem Wort mißbilligend – »und solche Sachen.« Sie kümmerte sich nicht um den Unwillen der anderen.« »Wir arbeiten auch daran, obwohl einige unserer vorsichtigeren Freunde es vorziehen, die richtigen Worte nicht zu benutzen. Vor einigen Monaten konstruierten wir etwas, das wir weit außerhalb der Schleusen und der üblichen Arbeitsgebiete aufbauten. Es war eine große Sonnenuhr. Wir hatten darüber gelesen, wie sich der Weg der Sonne am Himmel im Lauf des Jahres ändert.«

»Das weiß doch jeder«, bemerkte Earrin.

»Du siehst sie öfters als wir. Außerdem wollten wir –« sogar der Sprecher zögerte einen Augenblick – »die Abweichung messen.« Diesmal reagierte niemand. »Eine dieser Kreaturen beobachtete uns, als wir es zusammenbauten – die Teile hatten wir in einer Werkstatt in der Stadt hergestellt. Für den Bau brauchten wir mehrere Tage. Am zweiten Tag waren einige Teile bewegt worden, und ein Teil, das ich mir zurechtgelegt hatte, war eingebaut worden, »aber nicht von einem von uns.«

»Am nächsten Tag untersuchten wir alles sehr sorgfältig, waren uns unserer Sache aber nicht sicher. Am vierten Tag jedoch zeigte es sich. Einer von uns hatte ein Teil falsch eingesetzt. Am Morgen darauf war es korrigiert worden.«

»Woher wollt ihr den wissen, daß es der Eingeborene war?«

»Wer sonst? Von unserer Gruppe war es keiner. Aus der Stadt hätte das niemand fertiggebracht. Und ein Nomade erst recht nicht.«

»Aber ihr habt es nicht gesehen.«

»Damals noch nicht.« Die Stimme klang triumphierend. »Wir haben dann eine weitere Situation gestellt.«

»Du meinst ein Experiment gemacht«, Earrin konnte die Bemerkung einfach nicht zurückhalten.

»Paß auf, was du sagst!« grollte eine männliche Stimme.

»O nein. Wir wollten nur sichergehen, daß es niemand aus der Stadt gewesen war.« Die Maske half Earrin, seine Gefühle zu verbergen. Das waren wirklich noch Kinder. Er hoffte nur, daß Danna dieses Stadium einmal schnell hinter sich bringen würde. Ihre Unlogik ärgerte ihn; wenn sie sich wirklich von den Überlieferungen gelöst hatten, und jetzt Bones' Rasse für den Wandel verantwortlich machten, wieso hatten sie dann noch Angst vor den alten Wörtern? Ihre Erziehung war eben stärker; sie taten ihm fast leid.

»Was habt ihr nun herausgefunden?« fragte er.

»Wir begannen mit einer neuen, komplizierteren Uhr, bauten sie teilweise auf und versteckten uns. Nach ein paar Minuten tauchte der Invasor auf, baute den Rest zusammen und betrachtete den Schatten, den die Uhr warf. Dann nahm er sie wieder auseinander und legte alles an seinen Platz zurück.«

»Sehr beeindruckend, das muß ich zugeben.« In Wirklichkeit war Earrin nicht im geringsten überrascht. Er kannte Bones gut genug, um zu wissen, daß jeder Eingeborene so gehandelt hätte.

»Und deshalb habt ihr Angst vor ihnen. Sie haben Köpfchen, und essen ihre eigenen Kinder. Aber sie sind doch Stickstoffleben – wie könnten sie einen Menschen essen?«

»Vielleicht nicht, aber wenn sie es versuchen« – die Stimme erstarb in einem Schauder. Earrin schwieg eine Weile, dann wechselte er das Thema.

»Ich verstehe nicht, was ich mit der Sache zu tun haben soll.«

»Wir werden es mit deiner Hilfe einfangen«, dröhnte eine tiefe Stimme aus der Dunkelheit. »Wir brauchen mehr von ihnen, um zu untersuchen, wie wir die Dinger loswerden können.«

»Soll das heißen, daß ihr schon welche habt? Und wieso wollt ihr sie denn loswerden?«

Die erste Frau sprach jetzt wieder.

»Wir haben das andere eingefangen. In der Nacht nach dem Test, haben wir es mit einer großen Gruppe eingekreist. Als wir es in die Stadt trieben, hat es sich nicht einmal gewehrt. Wir vermuteten, daß ihm der Sauerstoff schaden würde, aber es schien den Unterschied nicht einmal zu bemerken. Das Problem ist, daß wir nicht testen können, was es umbringt, solange nur ein einziges zur Verfügung steht. Wenn wir erst mal das andere haben, brauchen wir darauf keine Rücksicht mehr zu nehmen.«

»Ihr wollt es töten? Nur um festzustellen . . .«

»Nicht nur deswegen. Es gibt wichtigere Gründe. Wir haben einen Plan, bei dem uns die Invasoren nicht stören dürfen.«

»Wahrscheinlich wollt ihr die Atmosphäre zurückverwandeln.« Die Frau war überrascht, und wurde aggressiv.

»Warum nicht? Aber wie kommst du darauf?«

»Ich bin ein Nomade. Ich war auf der Außenseiterschule. Die meisten von uns haben diese Idee, wenn sie lernen, wie man Sauerstoff herstellt.«

»Warum also nicht?«

»Weil es nicht geht. Je mehr photosynthetische Sauerstofferzeuger ihr anbaut und je mehr Sauerstoff produziert wird, desto mehr Stickstoff wird erzeugt, und desto mehr Stickstoffpflanzen werden sich ansiedeln. Das klappt nur auf kleinem Raum, wo ihr die Gewächse kontrollieren könnt. Daß es freien Sauerstoff gegeben haben soll, ist eine nette Geschichte, aber wenn man sein Leben damit verbringt, sich gerade genug Luft zum Atmen zu verschaffen, wird einem klar, wie die Wirklichkeit aussieht.«

»Falsch.« Sie klang sehr selbstsicher. »Das Problem ist, daß man seit Jahrtausenden vor der Wissenschaft Angst hat; selbst jemand wie du, der den Sinn einsieht, versteht nichts davon. Du hattest nie die Chance, etwas darüber zu lernen. Wir haben gelesen, und wir haben gelernt. Ich kann dir die Gleichgewichtsfaktoren nicht erklären, und wie sie ein ökologisches System beeinflussen, aber wir haben herausgefunden, daß es reicht, wenn man Sauerstoffpflanzen und Parasiten für das Stickstoffleben aussetzt, und das System wird sich ausbreiten, wenn es einen guten Start gehabt hat. Der Anfang ist der härteste Teil; wir werden eine Masse Leute brauchen, um das System an so vielen Plätzen wie möglich anzusetzen, und zwar gleichzeitig; und wir müssen die Invasoren loswerden, denn sie müssen dieselbe Methode verwandt haben, um diese Welt nach ihren Wünschen umzuformen. Sie werden versuchen, zu verhindern, was wir vorhaben, folglich müssen wir sie loswerden. Darum brauchen wir mehr Exemplare – wir wissen noch nicht, wie man sie töten kann.«

»Ihr wollt sie wirklich töten, wenn ihr sie eingefangen habt?«

»Nur einen, um zu lernen. Natürlich wollen wir das nicht, aber wenn wir sie nicht ausrotten, können wir die Welt nicht zurückverwandeln, in eine Welt, in der man die Luft atmen kann und Kinder nicht aussetzen muß, wie es jetzt gemacht wird. Würdest du nicht Luft vorziehen, die nicht so dünn ist, daß sie dich gerade am Leben halten kann?«

»Nein, vielen Dank.« Earrin brauchte nicht lange zu überlegen. Wenn diese Leute alle Sauerstoffverschwender waren, wollte er nichts mit ihnen zu tun haben. »Die Luft, die ich atme, ist die Luft, für die Menschen gemacht worden sind. Was ihr atmet, ist reine Verschwendung und macht einen nach einer Weile wirr im Kopf. Nicht mit mir; ich kann für mich selber sorgen – und ein oder zwei andere dazu.«

»Kannst du dir denn nicht vorstellen, ohne Maske im Freien herumzulaufen, solange du Lust hast?«

So etwas konnte sich Earrin tatsächlich nicht vorstellen. Er glaubte nicht, daß die Erde jemals eine atembare Lufthülle besessen hatte, oder daß das irgend jemand ändern könnte; und er war auch nicht davon überzeugt, daß es eine gute Idee war, es zu versuchen. Er hatte zwar nicht die beinahe religiöse Abneigung gegen die Wissenschaft, die die Städter auszeichnete, aber ihm war klar, daß so neuartige Versuche unerwartete Resultate erzeugen konnten. Er war bereit, eine neue Sauerstoffpflanze zu testen, aber nur jeweils eine auf einmal. Wäre er einige tausend Jahre früher geboren worden, hätte er dasselbe Verhalten bei der Vernichtung großer Wälder oder hohem Verbrauch an Kohlen gezeigt.

Er murmelte irgendeine Antwort, an die er sich später nicht mehr erinnerte, und dachte nach. Die anderen störten ihn dabei nicht; vielleicht dachten sie, er wäre beeindruckt.

Er war auch beeindruckt, aber nicht so, wie sie vermuteten. Die Hauptsache war für ihn im Augenblick, daß die Hillers ihn benutzen wollten, um Bones zu fangen. Sie wollten den Eingeborenen töten. Folglich mußte er, je früher, desto besser, verschwinden.

Wie sollte er das anstellen? Es waren fünf gegen einen, und sie hatten ihn zwischen sich genommen. Im Dunkeln konnte er sich nicht zurechtfinden, und die Hillers kannten die Gegend besser als er. Er war ein paarmal in den Blue Hills gewesen, aber hatte immer denselben Weg genommen.

Einfach wegzulaufen war sinnlos. Um sie herum waren Büsche, dornige Zweige, Schleim und Felsen, er würde ausrutschen, stolpern und sich die Haut aufreißen. Sie würden nicht einmal laufen müssen, um ihn einzuholen.

Und selbst wenn er es schaffen konnte, würden sie ihn rechtzeitig abfangen können. Wahrscheinlich würde sein Sauerstoff noch für die Nacht reichen, wenn er sich nicht überanstrengte. Dann würde er ein Sauerstoffdepot aufsuchen müssen, bevor seine Patronen verbraucht waren. Es gab zwar eine ganze Reihe Gefängnisse, die in der Gegend verstreut waren, aber es wäre ein großer Zufall, wenn er eines davon rechtzeitig erreichen konnte; er konnte nur damit rechnen, das Gefängnis am Ankerplatz, das Floß selbst oder sie Stadt auf Anhieb zu finden. Aber die anderen würden schneller sein, da sie die Gegend besser kannten –

Wenn sie wußten, in welche Richtung er lief. Würden sie es als sicher annehmen, daß er zum Floß lief, wo seine Frau wartete? Würden sie die Stadt in ihre Überlegungen einbeziehen, oder davon ausgehen, daß er nicht daran dachte oder nicht die Unannehmlichkeiten eingehen wollte, die ihn dort erwarteten – Nomaden waren einfach zu erkennen und unwillkommen in zivilisierten Kommunen, die ihren Sauerstoff rationieren mußten. Es gab keinen vernünftigen und praktischen Grund für ihn, irgendwohin außer nach Hause zu gehen. Langsam verstand er, warum sie es nicht für nötig hielten, ihn zu fesseln, falls sie nicht nur ihrer Überzeugungskraft vertrauten.

Er konnte weder zum Floß noch zum Gefängnis zurück; dort würden sie ihn wieder einfangen. In der Stadt – nun, auch wenn er nicht willkommen war, irgend etwas Sinnvolles würde er dort schon tun können. Earrin war ein schwerfälliger Denker, aber langsam begann ein Plan Form anzunehmen.

»Wollen wir heute nacht noch bis zum Hügel gehen?« fragte er plötzlich. »Wir sind den ganzen Tag gerudert, ich bin müde.« Das war die Wahrheit, aber nicht der Grund für seine Frage. Seine Keine-Mißverständnisse-Erziehung ließ ihn beinahe damit herausplatzen, aber er beherrschte sich, wenn ihm dabei auch nicht wohl war. Das Gefühl verstärkte sich noch, als einer der Männer arglos antwortete.

»Nein, bald machen wir eine Rast – ungefähr auf halbem Wege. Bevor der Weg steil wird, kommt noch ein Depot.«

»Gut, danke.« Earrin versank wieder in Gedanken. In dem Gefängnis lagerten Sauerstoffpatronen. Ganz egal wie der Verbrauch der anderen aussah, sie würden sofort Reserven aufnehmen können und versuchen, vor ihm am Floß zu sein. Die Situation war unverändert.

Wenn er ihnen entkommen konnte, war klar, was sie tun würden; und selbst wenn er es nicht schaffen würde, war Bones, wenn er ihnen wirklich folgen sollte, vor den neuen ernsteren Absichten des Hillers gewarnt.

Wenn Bones nicht in der Nähe war, was ihm wahrscheinlicher erschien, konnte Fyn in die Stadt gehen und versuchen, etwas für den anderen Eingeborenen zu tun. Bones war das einzige dieser Wesen, das er kannte, aber er betrachtete sie trotz der Horrorgeschichte der Frau als seine Freunde; er maß den Worten der Jugendlichen nicht allzuviel Gewicht zu, obwohl er sich nicht dazu durchringen konnte, sie als Lügen abzutun. Das war eine irreführende Angewohnheit, aber wenn er versuchte, sich davon zu lösen, setzte jedesmal sein Gehirn einfach aus. Es war einfacher, an ein Mißverständnis zu glauben.

Also würde er in die Stadt gehen, was problemlos schien, wenn seine Bewacher überzeugt waren, daß er einen anderen Weg nehmen würde, und möglicherweise konnte er etwas für den Gefangenen tun. Fyns geistiger Hintergrund hatte ihm eine gewisse Naivität beschert.

Er mußte außerdem so schnell wie möglich seine Gedanken in die Tat umsetzen. Er mußte nur noch auf ein Ereignis warten, das hoffentlich eintrat, bevor sie das Depot erreicht hatten.

Er hatte Glück. Sie waren nicht in Sichtweite der Bucht – anders als die Gruppe, die einige Stunden später Bones einfing, waren sie westlich an den niedrigeren Hügeln vorbeimarschiert – so daß sie den Mondaufgang selbst nicht beobachten konnten; doch der Himmel erhellte sich nach und nach, und schließlich war Earrin sicher, ohne Schwierigkeiten laufen zu können.

»Sind wir bald da?« fragte er.

»Ein paar hundert Meter noch«, war die Antwort. »Dort hinter den Büschen kann man es gleich erkennen.«

Ja. Sie standen an einem kleinen Kanal, der wie üblich für den Bau der Luftschleuse benutzt worden war. Eine Sache war auffällig; der Strom schien unter dem Gebäude her zu verlaufen, und Earrin überlegte einen Moment, ob ein zweiter Eingang vorhanden war. Er verschwendete keine Zeit damit, sich weiter damit zu beschäftigen.

»Freies Atmen!« schrie er plötzlich, und brach im selben Moment nach links aus, auf den Hügel zu. Das Mondlicht zeigte ihm genug von der Bodenbeschaffenheit, um ein schnelles Vorankommen zu ermöglichen. Er war zwar wirklich müde, aber in viel besserer Form als die Städter. Zwei Männer verfolgten ihn, verloren aber schnell an Boden. Er hörte hinter sich die Stimme einer Frau.

»Laßt ihn laufen, ihr Idioten! Kommt rein und holt euch Reserven. Wir kriegen ihn einfach genug.« Earrin sah sich nicht um, ob der Befehl befolgt wurde. Es war, wie er vermutet hatte; sie ersetzten erst die Sauerstoffpatronen und würden dann zum Floß zurückkehren. Vielleicht gingen sie sogar auf das Floß und weckten Kahvi, aber sie würden es nicht durchsuchen. Sie würde ihnen wahrheitsgetreu sagen, daß er nicht da wäre. Fyn selbst würde ohne Unterbrechung ostwärts laufen, solange er in Sichtweite der Hillers war, und sich dann nach Süden wenden. Er hatte genügend Luft, und auch ohne Ortskenntnisse war der Great Blue nicht zu verfehlen.

Er kannte mehrere Eingänge, sobald er einen gefunden hatte, würde er weitersehen.

Es dauerte bedeutend länger, als er gedacht hatte, eine Schleuse zu finden, obwohl er meinte, aus derselben Richtung wie auch früher schon gekommen zu sein. Inzwischen war auch der Komet aufgegangen, und er wurde seiner Reserven wegen immer nervöser, als er endlich ein Becken fand, das ein Eingang sein mußte. Kein Mensch war in der Nähe, wie um die Zeit zu erwarten war.

Er zögerte einige Minuten lang. Jetzt erst wurde ihm bewußt, wie wenig er über das, was vor ihm lag, wußte. Bones war nicht aufgetaucht, was keine Überraschung war; Fyn war sicher gewesen, daß die Hillers mit ihrer Vermutung über den »Verfolger« falsch gelegen hatten. Trotzdem wäre es gut gewesen, den Eingeborenen als Begleiter bei sich zu haben. Eigentlich hätte er keinen Grund, Angst zu haben; schlimmstenfalls würden sie ihn rauswerfen, aber genug Sauerstoff geben, um damit bis zum Floß zu kommen. Dort würden ihn seine Bewacher empfangen, aber zumindest konnte sich die Situation nicht verschlechtern.

Er warf einen kurzen Blick auf die Bucht, die mehr als zwei Kilometer entfernt lag, und überlegte, ob er von hier aus wirklich den dunklen Fleck ausmachen konnte, den das Floß auf dem helleren Wasser erzeugte. Und er überlegte, warum er bisweilen Dinge tat, über die er vorher nicht nachgedacht hatte. Er entschied, daß es daran lag, daß man in Notfällen einfach nicht genug Zeit zum Nachdenken hatte.

Dann sprang er in das Becken.

VIII

BRANDSTIFTUNG: ERSCHWERT

Die andere Einheit lag auf einer Matte aus weichem Stoff, mutmaßlich eines der Produkte aus Pseudoleben, die die Menschen so häufig verwendeten. Sie erblickte Bones sofort und stand mit einer einzigen, geschmeidigen Bewegung auf. Sie war nicht einmal so groß wie ein Mensch, vielleicht anderthalb Meter; offenbar war die Einheit noch sehr jung.

Sie ging ein, zwei Schritte auf den Neuankömmling zu, dann stoppten sie die Gitterstäbe. Bones versuchte freizukommen und den Rest der Distanz zu überqueren, hatte dabei aber sekundenlang kein Glück. Die Träger konnten die Masse, die plötzlich gar nicht mehr so nachgiebig war, nicht halten und ließen ihn zu Boden gleiten, warfen sich aber direkt auf ihn, jeden erreichbaren Tentakel umklammernd, und hielten ihn fest. Bones' Emotionen waren menschlichen nicht sehr verwandt, doch der Schmerzensschrei eines Jungen, der in die Glassplitter eines Beines gegriffen hatte, erfüllte ihn mit Befriedigung, obwohl seine Schmerzen nicht geringer waren.

Dann erklang eine menschliche Stimme.

»Laßt ihn los. Ich will sehen, was sie jetzt machen. Blockiert die Tür.« Bones konnte nicht erkennen, ob ein Mann oder eine Frau gesprochen hatte, teilweise wegen seines schlechten Gehörs, zum anderen, weil er den Unterschied noch nicht ganz begriffen hatte. Aber er hatte ein paar Silben verstanden. Er war nicht überrascht, als ihn die Menschen losließen und zurückwichen.

Der Beobachter konnte nicht stehen; der Schmerz war zu groß. Aber seine vorderen Gliedmaßen konnten ihn bis zu den Gitterstäben ziehen, an denen er sich aufrichtete.

Die oberen Tentakel der kleinen Gestalt umschlangen Bones'

Körper; er reagierte in der gleichen Weise. Sie konnten sich wegen dem Gitter nicht aneinanderpressen, waren aber gelenkig genug, um alles Notwendige zu tun.

Wo sich beim Menschen der Brustkorb befindet, hatten die beiden fischähnlichen Gestalten eine zwölf Zentimeter durchmessende Scheibe aus besonderem Gewebe. Dessen Farbe hob sich ein wenig von dem Olivgrün des Körpers ab; weder Kahvi noch Earrin hatten es jemals bemerkt.

Jetzt berührten sich die Scheiben, als sich die Tentakel zusammenzogen. Beide Beobachter fühlten nicht den Schmerz, den die zusammengequetschten Gitterstäbe zwischen ihnen hervorriefen; sie fühlten nichts anderes als Ekstase. Beide hatten seit langem nicht mehr kommuniziert. Gedächtniszellen fluteten mehr als eine Minute lang zwischen den beiden Körper hin und her und drangen durch die Scheiben, bis sich endlich die Umarmung lockerte. Beide standen bewegungslos, während sich die übertragenen Erinnerungen in ihren Körpern ausbreiteten, zweimal verdoppelt, und langsam kehrte ihr Bewußtsein zurück.

Als sie sich trennten, waren sie sich so identisch, wie es lebende Wesen nur sein können. Bones erinnerte sich an alles, was zur Gefangennahme des kleineren geführt hatte, und was seitdem passiert war. Der andere kannte Bones' Erinnerungen an seine Erfahrungen mit den Nomaden in den letzten Jahren; er kannte Kahvi, Earrin und das Kind; er würde, wenn er einen von ihnen treffen sollte, die Zeichensprache benutzen können, die die Familie mit Bones zusammen entwickelt hatte, und konnte so gut wie Bones, mit denselben Einschränkungen, die menschliche Sprache verstehen.

Er kannte Bones' Schmerz und begann augenblicklich, nachdem der angenehme Nebel, der die Übertragungen begleitete, verschwunden war, Bones die Glassplitter zu entfernen, an die er nicht selbst herankam.

Der Beobachter wußte nicht, wie die menschlichen Wesen darauf reagieren würden, und rollte ein Auge in ihre Richtung. Überraschenderweise waren nur noch zwei Personen zu sehen. Beide standen im Eingang und hatten den Beobachtern den Rücken zugewandt. Sie konnten den Grund dafür nicht einmal erraten; daran, daß Earrin und Kahvi es vorzogen, allein zu sein, wenn sie kommunizierten, erinnerten sie sich in diesem Zusammenhang nicht.

Mehrere Minuten lang zog das kleinere Wesen Glas aus Bones' Wunden, zweimal pausierend, um in einer kurzen Umarmung festzustellen, wo die Splitter genau lagen. Einige waren zu tief eingedrungen, um noch sichtbar zu sein. Sie mußten herausgequetscht werden.

Schließlich war Bones in der Lage, aufrecht zu stehen, obwohl es noch eine Weile dauern würde, bis seine Wunden verheilt waren. Was sie als nächstes tun würden, war zu offensichtlich, um besprochen zu werden, wenn auch die Einzelheiten noch unklar waren. Beide Einheiten hatten nur wenig von dieser unterirdischen Stadt gesehen, Informationen mußten gesammelt werden. Es war erforderlich, aus diesem Raum auszubrechen und sich menschlicher Kontrolle zu entziehen. Die kleinere Einheit, hinter Gittern gefangen, würde damit größere Probleme haben. Das Konzept von Türen und Absperrungen aus anderen als Umweltzwecken, wie etwa in einem Raumschiff, war dem Bewußtsein eines Beobachters fremd, doch sie wußten, wie der Gefangene ursprünglich in den Käfig gelangt war. Das Schlüsselloch aber widerstand ihren Bemühungen; die winzigen Fühler konnten zwar hineinkriechen und den Mechanismus erforschen, waren aber nicht annähernd stark genug, um irgendeines der Bauelemente zu bewegen. Die Sache war mysteriös. Da das Loch für menschliche Gliedmaßen zu klein, und kein Werkzeug vorhanden war, mußte das Öffnen des Apparates einigen auserwählten Individuen vorbehalten sein. Die Idee individueller Intelligenz schien sich zu bestätigen; aber daß jemand im Gegensatz zu den Interessen anderer handeln konnte – ja daß überhaupt derart gegensätzliche Interessen existierten, wurde von den Beobachtern nicht in Erwägung gezogen. Bones überlegte ernsthaft, ob er zur Tür gehen sollte, um einen der Menschen auf ihre Probleme aufmerksam zu machen und um Hilfe zu bitten.

Er ließ die Idee gleich wieder fallen; es war klar, die Menschen waren dagegen, daß die Beobachter ihre Bewegungsfreiheit zurückerlangten. Wie auch immer, sie hatten alles Interessante in diesem Raum bereits untersucht; hier gab es keine neuen Informationen.

Also ging Bones zur Tür und zog sanft an der Schulter eines Bewachers. Dieser drehte sich sofort um, und begann sehr schnell zu sprechen, so daß die Einheiten nicht genug verstanden, um die Worte in einen sinnvollen Zusammenhang zu bringen.

»Sie sind fertig!« schrie er, und die anderen wandten sich augenblicklich um. »Der Große versucht, auszubrechen!«

»Laß ihn nicht hinaus!« rief eine andere Stimme aufgeregt. »Drei Mann blockieren die Tür, einer holt Hilfe. Der Rest versucht ihn in den Käfig zurückzutreiben! Wer hat den Schlüssel?«

»Ich hab ihn.«

»Gut, nimm das Schloß ab und halte dich bereit, die Käfigtür zu öffnen, wenn wir soweit sind.« Einer der Menschen schlich hinter Bones. Drei weitere – die Anzahl der Wächter hatte sich erhöht – schwärmten aus und näherten sich ihrem Gefangenen. Bones begriff, daß sie ihn in den Käfig schaffen wollten, und dabei würden sie das Schloß öffnen müssen.

Zwei riesige Augenpaare verfolgten jede Bewegung der Gruppe. Die Einheiten brauchten sich nicht zu verständigen; jeder wußte, was der andere dachte und wie er reagieren würde. Ihre Gedanken verliefen vollkommen parallel.

Bones ließ sich bis etwa zwei Meter vor das Gitter zurücktreiben, dann sah er, wie sich das Schloß unter den Händen eines Jungen öffnete. Beide Beobachter handelten gleichzeitig. Der kleinere warf sich durch die Öffnung und stieß mit dem Mann zusammen, der die Tür gerade aufgemacht hatte. Er warf ihn zu Boden. Bones' Tentakel ergriffen gleichzeitig zwei seiner Bewacher und schleuderten sie nach vorn. Der eine reagierte wie beabsichtigt und stolperte in den Käfig; der andere konnte sich festhalten, geriet aber zwischen Bones und die anderen Menschen. Die Beobachter rasten um die verwirrte Gruppe herum und fuhren zwischen die drei, die die Tür versperrten. Der Aufprall zersprengte die Gruppe.

In der Werkstatt waren keine weiteren Leute, und das Paar raste zur anderen Tür. Dahinter war der Korridor, durch den sie hineingebracht worden waren. Sie trennten sich selbstverständlich; es brachte ihnen keinen Vorteil, wenn sie beide das gleiche sahen. Die kleinere Einheit wandte sich nach rechts, in Richtung der Schleuse.

In dem Tunnel, den Bones nahm, befanden sich zwar Leute, aber nicht sehr viele. Die meisten wichen zurück, um einen Kontakt mit dem Beobachter zu vermeiden. Wahrscheinlich würde früher oder später der Versuch gemacht werden, die Flüchtlinge wieder einzufangen, aber es war ungewiß, wie lange das dauern würde. Das hing von der Schnelligkeit der Verständigung ab, und dieses akustische System war zweifellos ziemlich schwerfällig. Dabei war der Beobachter sich allerdings nicht sicher, ob den Menschen noch andere Methoden zur Verfügung standen.

Bones dachte nicht daran, sich zu verstecken, um eine Gefangennahme zu verhindern; das hätte im Widerspruch zu seinem Bedürfnis gestanden, so viel wie möglich über die Stadt und ihre Einwohner zu erfahren. Dafür mußte er lernen, sich mit ihnen zu verständigen, wenn es möglich war, aber allem Anschein nach war es das nicht. Nicht ein einziges dieser Wesen sah in den wedelnden Tentakel das Verlangen, sich zu unterhalten. Entweder flohen sie oder zogen sich zurück, dabei meist lautstarke Geräusche von sich gebend.

So blieb nicht viel Interessantes übrig, abgesehen von den Tunneln und Werkzeugen, die er gelegentlich fand. Die Tunnel bereiteten ihm einiges Kopfzerbrechen, weil sie nicht gradlinig verliefen; innerhalb weniger Minuten hatte der Beobachter jede Hoffnung aufgegeben, zur Schleuse zurückzufinden, durch die er hereingekommen war. Die horizontalen Richtungen waren schon schlimm genug, und offensichtlich breitete sich die Stadt auch in vertikaler Richtung aus.

Anfangs erschien es ihm klüger, das Stockwerk nicht zu verlassen, auf dem ja die Schleuse liegen mußte; unter Umständen mochte es notwendig werden, die Stadt zu verlassen. Aber es war schwer vorstellbar, was für Umstände das sein mochten, und ob sie gewichtiger als der Drang nach neuem Wissen sein konnten, und wenig später war Bones in der dritten Dimension ebenso verloren wie in den ersten beiden. Er konnte nicht einmal die Stockwerke zählen, alles verlief kreuz und quer. Vor langer Zeit war über Boston behauptet worden, das Straßensystem folgte den Trampelpfaden der ersten Rinderherden, die von Siedlern hierhergetrieben wurden. Die Nachkommen dieser Siedler, die die Blue Hills ausgehöhlt hatten, als die Veränderung der Atmosphäre nicht mehr zu stoppen war, hatten sich auf ähnliche Weise von dem geringsten Widerstand im Gestein führen lassen. Die einzige Regel war dabei gewesen, nicht in bereits existierende Räume einzudringen, ohne sich vorher über den Verwendungszweck zu einigen. So waren Korridore, Wohnräume, Depots, Werkstätten und Lagerhallen entstanden und Nischen verschiedener Größen, deren Zweck der Beobachter trotz seiner Jahre mit den Fyns nicht erraten konnte.

Erstaunlicherweise war alles das verlassen. Nach der ersten halben Stunde seiner Flucht hatte er niemanden mehr zu Gesicht bekommen. Das wäre selbst dann unverständlich gewesen, wenn Bones gewußt hätte, daß die Bevölkerung der Stadt seit ihrer Gründung um siebzig Prozent geschrumpft war; sicher hatten sie die Tunnel geräumt und abgesperrt. Demnach hätten sie längst wieder in Gewahrsam sein müssen; keiner der Beobachter kannte sich in der Stadt aus, keiner hatte irgend etwas, was ihm als Waffe dienen konnte, und es hätte sowieso keiner von ihnen daran gedacht, so etwas zu benutzen. Wenn es irgendeine Art von Organisation in dieser Gesellschaft gab, mußten sie ihre Gefangenen problemlos zurückholen können.

In Wirklichkeit war die Gruppe, die die Gefangennahme durchgeführt hatte, weder repräsentativ für die Bevölkerung der Blue Hills noch besonders gut organisiert (was sowohl Kahvi als auch Earrin zu ahnen begannen). Das war eine Konsequenz der begrenzten menschlichen Verständigungsmöglichkeiten, die Bones bisher nicht vorausgesehen hatte. Sowohl Organisation als auch ihr Gegenteil waren Konzepte, für die eine Anzahl Individuen notwendig waren.

Bones hatte demnach viel Zeit, die Stadt zu erforschen. Unglücklicherweise führten seine Untersuchungen nicht zu brauchbaren Ergebnissen, selbst unter Einbeziehung seiner Erfahrungen mit den Fyns. Er entdeckte nur ein paar unwichtige Dinge.

Schließlich wurde der Forscher hungrig. Normalerweise war das keine wichtige Angelegenheit; praktisch jede Art von Stickstoffpflanzen enthielt genug reduzierendes und oxidierendes Material, um als Nahrung dienen zu können. Aber in den Kavernen und Korridoren der Blue Hills gab es keine Vegetation – die biolumineszierenden Felder zählten nicht. Eine sorgfältige Erwägung des Problems empfahl sofortiges Handeln.

Die Menschen waren nicht maskiert, folglich gab es Sauerstoff in der Stadt. Demnach gab es auch Pflanzen – photosynthetische Organismen, so wie jene, die die Fyns auf dem Floß hielten und die an verschiedenen Plätzen im Land gezüchtet wurden, an denen sie sich manchmal aufhielten. Diese Pflanzen würden wahrscheinlich eßbar sein – viele pseudolebende Arten enthielten Nitrate, obwohl es ein wenig zweifelhaft war, daß diese Arten in einer Stadt zu finden waren.

Auf jeden Fall brauchten Pflanzen Sonnenlicht; dem Verhalten der Nomaden Feuer gegenüber nach zu schließen, standen den Menschen keine anderen Energiequellen zur Verfügung. Sonnenlicht war am ehesten in den äußeren Gebieten der Hügel zu finden, und ein Weg, näher dorthinzukommen, war, nach oben zu steigen. Tatsächlich hatten Earrin und Kahvi einmal erwähnt, daß Nahrung und Luft für die Städte meistens in den oberen Stockwerken erzeugt wurden.

Deshalb nahm Bones jetzt jeden erreichbaren Tunnel, der aufwärts führte. Dabei veränderte sich seine Umgebung rapide, allerdings nicht aus den Gründen, die man erwartet hätte. Ursprünglich hatte Hemenway keine Abteilung mit Sauerstoffpflanzen besessen; die gesamte Stadt wurde vom Great Blue Hill aus versorgt. Allerdings hatte sich in den letzten Jahren einiges geändert.

Die Tunnel wurden heller; an den Wänden waren mehr leuchtende Felder zu sehen, die auch besser gefüttert und gewässert schienen. Wenn Bones einen Geruchssinn besessen hätte, wäre ihm aufgefallen, daß die Luft frischer war; aber er bemerkte dennoch die Veränderung seiner Umwelt. Das Gebiet war bewohnt.

Bald wurden seine Eindrücke objektiv bestätigt. Im Verlauf von fünf Minuten begegnete Bones zwei Menschen. Beides waren Erwachsene, aber jünger als etwa die Fyns. Beide reagierten mit schnellem Rückzug, als sie den Beobachter erblickten, begleitet von lautstarkem Gebrauch ihrer Stimmen. Beide flohen in dieselbe Richtung; Bones folgte gerade dem ersten, als sich der andere zeigte. Es war sicher, daß sie ihn in interessantere Abschnitte führen würden, deshalb hielt der Beobachter ihre Geschwindigkeit, obwohl es ein Kinderspiel gewesen wäre, sie einzuholen.

Die Jagd dauerte ein paar Minuten, ohne daß den Schreien der beiden geantwortet wurde. Dann zeigte sich eine ungewöhnliche Treppe, an deren Spitze es bedeutend heller war. Das Licht hatte die goldene Färbung von Sonnenlicht, das durch eine Atmosphäre gefiltert wurde, die einen hohen Anteil Stickstoffdioxid besaß. Bones erreichte den Beginn des Aufganges in derselben Sekunde, in der die Menschen an der Spitze verschwanden, und folgte ohne Zögern. Dort gab es bestimmt einiges zu sehen.

Das erwies sich als richtig, obwohl die geflohenen Menschen nicht mehr zu sehen waren. Die Treppe mündete in einen Raum, der mindestens zwanzig Meter durchmaß, mit demselben transparenten Gewebe wie das Floß und das Gefängnis überdacht – Bones wußte nicht, daß das Gefängnis ein Dach aus anderem Gewebe hatte. Wie im Gefängnis, wurde das Dach von hölzernen Stangen gestützt. Die Sonne war ein verschwommener Fleck im Süden; am goldenen Himmel zeigten sich nur wenige Wolken.

Der Raum enthielt mindestens ein Dutzend Gestelle, die wie im Gefängnis Pflanzen trugen, flache, abgedeckte Kästen, in denen Gewächse verschiedener Größen und Farben zu sehen waren. Einige davon ähnelten Pflanzen, wie Bones sie vom Floß her als Sauerstofferzeuger kannte. Einige hatten die grüne Färbung des Chlorophylls, die meisten aber zeigten ungewöhnliche Mischungen von Rot, Braun und Gelb. Sie mochten von Stickstoffpflanzen abstammen, die den größten Teil der freien Fläche draußen bedeckten, obwohl es schwer vorstellbar war, daß die Hillers solche Pflanzen züchteten, und die Organismen hatten höchst unvertraute Formen.

Er sah auch Tanks und Flaschen mit verschiedenen gefärbten

Flüssigkeiten. In manchen waren ebenfalls Pflanzen; die übrigen schienen Kulturen mikroskopischen Lebens zu beherbergen. Der Platz war anscheinend ein Laboratorium, obwohl das ebenfalls nicht zu den Hillers paßte.

In allen Wänden befanden sich Türen; hinter ihnen war es auch hell, was auf weitere Räume mit durchsichtigen Dächern hinwies. Anscheinend war Bones auf dem Gipfel des Hügels angelangt. Menschliche Stimmen waren zu hören, die hinter mehreren Türen erklangen. Die Flüchtlinge waren außer Sichtweite gewesen, als er das Stockwerk betreten hatte; er konnte nicht erraten, welche Tür sie genommen hatten. Es schien auch nicht wichtig zu sein; der Inhalt des Raumes reichte, um den Beobachter einige Stunden lang zu beschäftigen.

Zumindest waren einige der Gewächse eßbar. Er fühlte ein gesteigertes Bedürfnis nach Nahrung. Zwei lange Tentakel, die in vier Fühler von der Größe eines kleinen Fingers ausliefen, hoben einen Kasten von dem nächsten Gestell, auf dem sich ein blasenförmiges Gewächs befand, stellten ihn auf den Steinboden und pflückten die organgefarbenen Objekte, in Größe und Form an Hühnereier erinnernd, nacheinander von den Zweigen der Pflanze.

Der Geschmack wurde von Bones weder als »gut« noch als »schlecht« empfunden. Das Gewebe hatte nur einen geringen Nitratgehalt, der aber für Bones' Bedürfnisse ausreichte. Er verspeiste alle Früchte, stellte den Kasten wieder in das Gestell und ging zum nächsten. Und übernächsten. Ihm war nicht ganz klar, wieso man ihm so viel Zeit zum Essen ließ; die menschlichen Stimmen nebenan schrien immer noch durcheinander. Sie wechselten sich ab – der Inhalt der Diskussion war Bones natürlich vollkommen unbekannt –, aber als er am vierten Gestell angelangt war, ersetzten Taten die Worte. Ein ganzer Haufen Leute drängte sich plötzlich durch die verschiedenen Türen und verteilte sich im Raum.

Sie redeten immer noch, genauer gesagt, einige von ihnen; die anderen schwiegen und blickten lediglich den Beobachter an. Alle truge Instrumente, die Bones noch nie zuvor gesehen hatten. Es waren Stangen wie die Dachstützen aus Holz, gut anderthalb Meter lang, ähnlich wie für die Feuerschwämme. An ihren Enden allerdings waren Glasklingen befestigt, viel dünner als Earrins Messer, mit scharfen Spitzen und Schneiden an beiden Seiten. Bones hatte nie zuvor einen Speer oder eine andere Waffe gesehen; anscheinend waren es Werkzeuge, doch ihr Zweck war ihm unbekannt . . .

Nur einen Moment lang. Dann stieß er einen scharfen Laut aus, und acht der Kreaturen hoben ihre Waffen und schleuderten sie auf Bones. Er dachte nicht daran, auszuweichen; glücklicherweise verstanden die Hillers von Waffen nicht mehr als ihr ahnungsloses Opfer. Nur ein Schaft traf ihn, obwohl die anderen nahe genug kamen, um deutlich zu machen, daß ein Versuch, auszuweichen nicht viel geholfen hätte.

Der Speer traf den fischartigen Körper nur wenige Zentimeter unter den oberen Flossen. Er trat am anderen Ende wieder heraus, zur Hälfte Bones durchschlagend, und spießte ihn so perfekt auf, als hätte der Werfer diese Technik jahrelang geübt.

Es tat weh.

IX

ZWEIFEL: VERDOPPELT

Das Gefängnis war nur spärlich beleuchtet. Das Licht kam von ein paar Kästen, in denen das lumineszierende Pseudoleben wuchs, die allerdings nicht wie in der Stadt an den Wänden befestigt waren, sondern wahllos auf den Tischen verstreut standen. Für Kahvi war das ungünstig. Wenn das Gebäude von innen besser beleuchtet gewesen wäre, hätte man sie auf dem Dach nicht ausmachen können. So mußte sie sehr vorsichtig sein; gegen das Mondlicht hob sich ihre Silhouette deutlich ab. Sie hatte sich schon beinahe verraten; das goldene Armband, das sie am linken Handgelenk trug, war gegen die Mauer geprallt, als sie hochgeklettert war. Sie schob es schnell den Unterarm hoch, bis es zu fest saß, um sich noch bewegen zu können, und hielt ihren Arm außer Reichweite des Steins. Das im Mondlicht glitzernde Metall würde kaum von innen bemerkt werden.

Im Haus waren sechs Hillers. Sie war sich zwar nicht sicher, aber vermutete, daß einer von ihnen Andrew war. Da sie nicht wissen konnte, wer die anderen waren und genau wie Bones eine Abneigung gegen Mutmaßungen hatte, überlegte sie nicht lange, sondern lauschte einfach. Das Gewebe auf dem Dach war nicht schalldicht, und die Hektik, die der hohe Sauerstoffgehalt verursachte, ließ das Gespräch, zumindest nach Maßstäben der Nomaden, ziemlich laut verlaufen. Einer der Männer sprach genau diesen Punkt gerade an.

»Wir müssen versuchen, einen klaren Kopf zu behalten«, sagte er. »Dieser idiotische Nomade wird mindestens eine halbe Stunde brauchen, um hierher zurückzukommen, wenn er auf dem Weg bleibt, den er eingeschlagen hat, aber wenigstens zwei von uns müssen draußen Wache halten, damit wir rechtzeitig da sind, um ihn abzufangen.«

»Warum denn«, fragte ein anderer. »Ich bin müde, seit gestern habe ich darauf gewartet, mich in anständiger Luft entspannen zu können. Und ich weiß auch gar nicht, warum der Mann so wichtig sein soll. Wenn eine von diesen Kreaturen hier in der Nähe ist, sogar wenn sie ihm wirklich folgen sollte, gibt es bessere Möglichkeiten, sie einzufangen. Wir können doch überall Fallen mit dem Barfußbann aufstellen, anstatt uns dabei auf die Umgebung des Labors zu beschränken.«

»Das ehemalige Labor heißt jetzt Lernzentrum, wenn du dich erinnern kannst«, bemerkte eine andere männliche Stimme.

»Deine Einwände hättest du auch früher vorbringen können«, schnappte eine Frau. »Ich bin genauso fertig wie du, und wenn du einen besseren Plan hast, hättest du das erwähnen können. Das hätte uns die ganze Reise erspart. Wir haben nicht genug Bann, um das ganze Land zu bedecken.«

»Ich habe einen Vorschlag gemacht, aber ihr habt ja nur darüber gelacht«, war die Antwort. »Ich habe doch gesagt, daß der Invasor, wenn er wirklich dem Mann folgt, sich um nichts anderes kümmert, und sich nicht ablenken läßt. Ich habe euch erklärt . . .«

»Das reicht jetzt!« der erste Sprecher unterbrach ihn scharf. »Du und Wilma, ihr könnt euch draußen weiterstreiten. Nehmt eure Masken und macht, daß ihr zur Fracht kommt. Sortiert das

Glas aus und sucht einen Platz für das neue Labor. Wir werden es hier bauen, um Zeit zu sparen, das restliche Material besorgen wir, wenn es morgen hell genug ist. Ihr beide habt genug Sauerstoff für heute.«

»Aber . . .« begann die Frau.

»Aber gar nichts. Alle beide, und zwar sofort. Zieht euch an!«

Kahvi erwartete weitere Proteste, obwohl sie nicht gewöhnt war, daß einem Befehl Diskussionen folgten. Doch sie konnte kaum glauben, daß ein Städter so viel Disziplin wie ein Nomade aufbringen konnte, und noch weniger, daß ein Sauerstoffsüchtiger überhaupt Disziplin kannte. Als die beiden aufstanden und ihre Außenausrüstung überzogen, war sie so überrascht, daß sie nicht daran dachte, welche Auswirkungen das auf ihre eigene Situation haben würde. Die Hillers waren schon in der Schleuse, als ihr plötzlich klar wurde, daß sie entdeckt werden würde, sobald die beiden sich nach Norden wandten.

Sie wägte schnell die Möglichkeiten ab. Wenn sie ihren Beobachtungsplatz verließ, würde sie nichts mehr mitbekommen, und diese Informationen waren äußerst wichtig. Andererseits hatte sie genug gehört, um jetzt handeln zu können, und wenn sie gesehen wurde, konnte das unübersehbare Konsequenzen haben. Sie würde sich später einen Überblick verschaffen müssen.

Sie ließ sich geräuschlos die Mauer herunter und warf sich in deren Schatten. Stehend hätte sie sich im Mondlicht gegen die Mauer abgehoben. Sie hörte die Hillers aus der Schleuse auftauchen, und einen Moment später gingen sie an ihr vorbei. Keiner von ihnen sah in Kahvis Richtung. Sie schnappte ein paar Worte ihrer Unterhaltung auf, aber es war nur belangloses Zeug, mit dem sie wenig anfangen konnte.

Was sollte sie jetzt tun? Um Earrin brauchte sie sich im Augenblick keine Sorgen zu machen; sie war mit ihm mehr als sieben Jahre zusammen und jetzt davon überzeugt, daß er auf keinen Fall in der nächsten Zeit zum Floß zurückkehren würde. Sie hatte keine Ahnung, warum er die Hillers erst begleitet und sich dann abgesetzt hatte, aber ihm mußte klar sein, daß sie ihn jetzt hier erwarteten. Sie wußte zwar nicht, was er jetzt vorhatte, aber solange er sich nicht blicken ließ, war es ihre Aufgabe, die

Situation hier unter Kontrolle zu bringen – für Dannas Sicherheit sorgen, und das Floß funktionstüchtig zu erhalten.

Nun wurde ihr klar, daß sie einen taktischen Fehler gemacht hatte. Die Sauerstoffverschwender waren zwischen ihr und dem Floß. Die Nacht war klar, der Mond stand sehr hoch. Die Vegetation war nicht annähernd dicht genug, um eine menschliche Gestalt zu verbergen, die den Versuch machte, unbeobachtet über den Strand und ins Wasser zu kommen. Und was noch schlimmer war, falls die beiden aus irgendeinem Grund auf die Idee kamen, dem Floß einen Besuch abzustatten, würde sie nicht vor ihnen da sein können. Und dann würden sie Danna finden.

Das wäre unerträglich gewesen. Während ihrer eigenen Zeit in der Außenseiterschule hatte sie zweimal miterlebt, wie Nomadenkinder hereingebracht wurden. Die Hillers waren sich natürlich sicher gewesen, den Kindern und ihren Eltern einen Gefallen zu tun, und daß die von ihnen verabreichte Erziehung sowohl die Überlebenschancen als auch die Lebensqualität der Kinder verbessern würde; nur waren die Gefangenen da anderer Meinung gewesen.

Das erste Kind war etwa zehn Jahre alt gewesen, von Geburt an unter Nomaden gewesen und perfekt mit ihren Gewohnheiten erzogen worden. Für die Außenseiterschule hatte es von Anfang an einen sehr störenden Einfluß auf die Klasse. Kahvi hatte damals den Verdacht gehabt, daß die Lehrer die Eltern bei ihren erfolgreichen Bemühungen, das Kind wieder zu entführen, unterstützt hatten. Seit sie selbst zu den Nomaden gehörte, hatte sie gehofft, diese Familie einmal wiederzusehen.

Das andere Kind, ebenfalls ein Junge, war nicht älter als drei gewesen, hatte aber schon genug nomadische Angewohnheiten, um die Lehrer damit zur Verzweiflung zu bringen. Soweit Kahvi wußte, konnte er durchaus noch in der Schule sein.

Auf jeden Fall würde sie niemals erlauben, daß ihre Tochter dorthin geschleppt wurde, ganz egal welch edle Motive die Entführer haben mochten. Danna war auf dem besten Wege, eine völlig selbstständige und unabhängige Nomadin zu werden, und ihre Mutter war sich sicher, daß all die Dinge, die die Hillers ihr beizubringen versuchen würden, sie nur völlig verwirren würden – ganz besonders in einer Stadt, in der Sauerstoffverschwender in Scharen auftauchten.

Nicht weniger ernst war die Möglichkeit, daß die Hillers das Floß besetzten, denn damit hätten sie die ganze Familie in ihrer Hand. Die Erwachsenen würden das nie zulassen; der Wille zur Unabhängigkeit beherrschte auch das, was von der Menschheit übriggeblieben war.

Earrin und Kahvi mißtrauten den Städtern schon aus Prinzip und hatten oft über mögliche Situationen gesprochen, in denen ihr Kind oder ihr Heim in Gefahr geraten konnten.

All das beschäftigte Kahvi aber nicht in diesem Augenblick; allerdings es war der Hintergrund, der ihre Entscheidung bestimmte. Die akute Frage war, wie sie unbemerkt das Floß erreichen konnte, und wie sie die Kontrolle darüber behalten konnte, wenn sie dort war. Das erste Problem war dringlicher; sie hatte sich schon einige Pläne zurechtgelegt, was die Angelegenheit betraf, aber war noch unsicher, welcher am meisten Aussicht auf Erfolg versprach.

Sie dachte viel schneller als ihr Mann, was Earrin auch durchaus zugegeben hätte, und sie brauchte nicht lange, um zu entscheiden, was zu tun war. Sie mochte die Idee nicht – eigentlich war sie nicht einmal sicher, ob sie es überhaupt tun konnte –, aber ebenso schnell wie ihr Mann traf sie Entscheidungen. Zuviel Zeit mit Nachdenken zu verschwenden, konnte tödlich sein, wie sie bereits dem Hiller im Gefängnis gesagt hatte. Sie hatte noch nicht oft genug überraschende Situationen erlebt, um zu wissen, daß zuwenig Überlegung den gleichen Effekt haben konnte. Die Dämmerung würde bald da sein, und zuviel Licht würde ihren Plan zunichte machen.

Ohne sich aufzurichten, arbeitete sie sich zur Südseite des Gebäudes vor. Als das Haus zwischen ihr und dem Stapel aufgehäufter Fracht war, stand sie auf und rannte geduckt nach Süden, ein Stück vom Wasser weg. Das brachte sie aufwärts und dem Hügel näher, und das Gefängnis bot keine ausreichende Deckung mehr. Dafür war die Vegetation jetzt dichter, und sie ließ sich wieder fallen und kroch auf die Spitze zu. Als sie über den Hügel und ein Stück die andere Seite hinunter war, fühlte sie sich sicher genug, um aufzustehen, und nachdem sie eine kurze Pause gemacht hatte, um Atem zu schöpfen, ging sie wieder in nördliche Richtung.

Ihr Weg führte nicht weit an der Feuerstelle vorbei, an der Bones einige Stunden zuvor gefangen worden war, aber glücklicherweise – sie war barfuß – nicht nah genug heran, um sie die Hitze spüren zu lassen, die sie vielleicht zu einer näheren Untersuchung verleitet hätte.

Als sie in Höhe des Floßes war, ging sie vorsichtig den Hügel hinauf, gebückt und ohne den Kopf zu heben. Da sie wußte, daß schnelle Bewegungen vom menschlichen Auge besser wahrgenommen werden als Umrisse, verbrachte sie volle zwei Minuten damit, ihre Augen auf eine Höhe zu bringen, in der sie das Floß und die Fracht übersehen konnte.

Die beiden Hillers waren noch beim Sortieren, wie befohlen. Sogar auf dreihundert Meter Distanz und durch das unregelmäßige Maskenglas waren sie gut erkennbar. Es war unmöglich, zu sagen, wieviel Aufmerksamkeit sie für ihre Umgebung übrig hatten – ob sie zum Beispiel nach Earrin Ausschau hielten –, aber ihr Plan berücksichtigte diese Möglichkeit sowieso.

Wenn sie es fertigbringen würde, ihn auszuführen. Sie hatte eingeplant, daß sie die Überwindung einige Zeit kosten würde, aber im Osten begann sich der Himmel bereits aufzuhellen, und sie fragte sich, ob sie es noch schaffen würde. Es lief allen Regeln der Nomaden zuwider. Sie hatte Angst vor Feuer; es war zu gefährlich und bösartig. Es zerstörte Resourcen, echtes und auch Pseudoleben, von denen das Überleben der Menschen abhing. Es zerstörte außerdem Häuser, wenn sie nicht gerade aus Stein waren, und sogar diese, wenn die Steine mit pseudolebendem Zement gefugt waren. Es konnte sogar verletzen, soweit sie wußte, obwohl sie diese Erfahrung noch nie gemacht hatte.

Aber die Hillers waren eine Gefahr. Sie bedrohten das Wohlergehen und Leben Earrins, ihr eigenes und, ganz besonders, das des Kindes. Wenn sie sich Kahvi genau anschauten, konnten sie auch eine Bedrohung für das ungeborene Kind werden; seine Existenz ließ sich inzwischen kaum noch verleugnen, obwohl Kahvi im Prinzip ziemlich stabil gebaut war. Der Junge, den sie getroffen hatte, wußte unter Umständen schon von dem

Ankömmling. Was die Sache noch schlimmer machte, war, daß diese Kerle Sauerstoffverschwender waren, Verbrecher, die noch weniger berechenbar und vertrauenswürdig waren als andere Hillers.

Schließlich würde sie das Feuer ja nicht direkt verletzen. Nicht einmal das Gefängnis würde in Mitleidenschaft gezogen; wenn dieses Risiko dabeigewesen wäre, hätte Kahvi sich unter keinen Umständen dazu zwingen können. Das Gefängnis war der augenblicklichen Sauerstoffübersättigung zum Trotz ein Sauerstoffdepot.

Nachdem sie sich noch einmal davon überzeugt hatte, daß das wahrscheinliche Resultat die angewandten Mittel rechtfertigte, ging sie wieder ein Stück zurück und – trotz eines unbehaglichen Gefühls, das sie nicht überwinden konnte – bereitete ihren Plan vor. Natürlich durfte sich das Feuer nicht zu weit ausbreiten, weshalb sie jedes größere Gewächs in der näheren Umgebung, die erkennbar explosiven sogar in beträchtlicher Entfernung, ausrupfte, um eine sichere Feuerstelle zu erhalten. Sie achtete darauf, keine Sprenger übereinanderzuhäufen, sondern sie voneinander zu trennen und zwischen sie weniger gefährliche Pflanzen zu legen. Als sie endlich fertig war, wurde es im Osten bereits hell; ihr blieb nur noch wenig Zeit.

Trotzdem arbeitete sie nun langsamer, fast zögernd. Sie löste einige der Riemen, mit denen ihre Sauerstoffpatronen verschnürt waren, und nahm eine heraus. Es war ein Zylinder von der Länge ihres Unterarms, mit einem Ventilschlauch an einem Ende. Die Außenhülle war aus »Plastik« – ein formbarer Stoff, der aus irgendeiner Sorte Pseudoleben gewonnen wurde –, während das organische Innere aus einem einzelnen gewachsenen Stück bestand.

Der Sauerstoffbinder war der Sprößling einer der letzten Arten von Pseudoleben, die entwickelt worden waren, bevor die Menschheit die Fähigkeit verlor, neue Lebensformen aus Grundelementen herzustellen. Wie die meisten dieser »Organismen« war er genetisch extrem stabil, obwohl gelegentlich Mutationen auftauchten – genauer gesagt eine Art Krebs, da Pseudoleben reproduziert wurde, indem Fragmente aus der Elternpflanze gelöst und als Kultur angesetzt wurden. Seine

Struktur war von außerordentlicher Dichte, die Zellen besaßen so verwickelte Oberflächen, daß beinahe jede mit ihrer Umgebung verbunden war; die tatsächliche Fläche in dieser Patrone umfaßte mehrere hundert Quadratkilometer. Die Zellen trugen einen sauerstoffbindenden Stoff, der ähnlich aufgebaut war wie Hämoglobin, nur viel effizenter arbeitete; der durchschnittliche Druck in den Zellen betrug etwa ein Viertel des der Atmosphäre, durch Temperaturveränderungen bisweilen ein wenig schwankend.

Von der Patrone aus wurde die Luft gewöhnlich durch eine Art Blasebalg geführt, damit man den Sauerstoff mit der Außenluft mischen konnte, die inzwischen fast vollständig aus Stickstoff bestand. Der Gehalt an Stickstoffoxiden in der Luft konnte nicht gefiltert werden; das war auch für die niedrige Lebenserwartung der Nomaden verantwortlich.

Kahvi hatte ein Gewächs gefunden, das, anders als die meisten Pflanzen, eine sehr enge Verbindung von Nitraten und Reduzenten trug – eine Sorte von Supersprengern; ein-, zweimal hatte sie gesehen, wie es sich durch einen Stoß oder Schlag entzündet hatte. Aber darauf konnte sie natürlich nicht zählen; das »echte« Stickstoffleben mutierte im Gegensatz zu den künstlichen Arten unaufhörlich. Mehr als einmal hatte Bones bemerkt, daß Essen ein endloses Experiment wäre, wenn die Nomaden seine Gesten auch nicht gerade mit diesem Wort übersetzt hatten.

Sie hoffte, daß das Holz sich durch einen Schlag entzünden würde, wenn sie einen Strahl reinen Sauerstoff darauf richtete, obwohl das nicht passiert war, als sie den Ast abgebrochen hatte, aber das war ja auch in Stickstoffluft gewesen. Sie suchte sich einen glatten Stein und legte ihn neben ihren Holzstapel. Dann nahm sie ihre Maske ab, nachdem sie ihre Lungen noch einmal vollgesogen hatten, hielt die Luft an und nahm das hervorstehende Rohr der Patrone, die sie herausgenommen hatte, in den Mund. Ihre Maske und der »Blasebalg« waren noch immer mit den restlichen Patronen verbunden. Sie legte ihre Maske auf den Stein, nahm einen Ast und drückte gegen die Blase . . .

Und hielt inne. Sie konnte es einfach nicht. Alle Erinnerungen und Verhaltensweisen, die Kahvi Mikkonen ausmachten, befahlen ihr, den Arm zurückzuziehen. Einen Moment lang stand sie bewegungslos da; dann nahm sie die Blase wieder auf, wartete, bis sie sich auffüllte, und atmete tief ein – aus dem Rohr der anderen Patrone war reiner Sauerstoff geströmt, nicht annähernd schnell genug, um sie längere Zeit auf den Beinen zu halten. Das Gewebe gab zwar seinen Inhalt schnell ab, um den Druck auszugleichen, aber sie konnte nicht so schnell einatmen. Aus der Blase, die das Gas mit Stickstoff mischte, ging es besser.

»Experimente«, knurrte sie, das Wort, das ihre Lehrer auf der Außenseiterschule am meisten verpönt hatten. Dann biß sie die Zähne zusammen, dachte an ihr Zuhause und ihre Familie, nahm noch einen tiefen Zug und probierte es noch mal.

Diesmal kam die Lähmung zu spät, um ihre Bewegung zu stoppen, obwohl sie viel weniger fest drückte, als sie es vorgehabt hatte. Funken stoben, und dic Glut färbte das Ende des Stockes karmesinrot; sie hatte ihr Feuer. Sie ließ den Ast fallen und nahm hastig ihre Atemmaske wieder auf. Die Glut breitete sich schnell über den ganzen Ast aus, sie ergriff ihn am Ende, das noch kalt war, und warf ihn auf den Holzstapel.

Danach floh sie, der Ohnmacht nahe.

Es dauerte einige Minuten, bis das Feuer die Sprengerpflanzen erreichte, und sie war weit genug entfernt, als der erste Blitz den Himmel färbte und der folgende schwere Donner an ihre Ohren drang. Sie warf sich prompt flach auf den Boden und robbte auf den Hügel zu, darauf achtend, daß ihr Kopf nicht zu weit nach oben ragte. Die Leute konnte nicht so dumm sein, nur auf das Feuer zu starren. Langsam gewann sie ihre Selbstkontrolle zurück, aber sie fühlte sich seekrank.

Die beiden Arbeiter liefen auf das Depot zu, dabei laute Schreie ausstoßend. Soweit sie auf diese Entfernung beurteilen konnte, sah sich keiner der beiden dabei um. Trotzdem blieb sie vorsichtig, sie kroch auf das Wasser zu.

Sie hatte einen längeren Weg als die Laufenden, und diese waren am Gefängnis, bevor sie den Strand erreicht hatte. Als sie im Wasserbecken verschwanden, sprang Kahvi sofort auf und rannte so schnell wie möglich; sie war längst untergetaucht, bis die anderen Verschwender ihre Ausrüstung anhatten und herauskamen.

Trotz des sich aufhellenden Himmels war der Mond noch zu sehen. Seine Erscheinung war verzerrt und schwankte durch die Wellen hin und her, aber zur Orientierung reichte es. Kahvi blieb vollständig untergetaucht – mit den Sauerstoffflaschen war sie viel schwerer als Wasser und konnte ohne Anstrengung unten bleiben – bis sie sicher war, daß sie bis hinter das Floß geschwommen war. Vorsichtig hob sie ihren Kopf. Die Wellen hoben und senkten sich abwechselnd um fast einen Meter, aber sie konnte ein paar Blicke auf das Floß und die Küste werfen.

Sie war ein ganzes Stück hinter dem Floß. Sie überlegte, ob sie jetzt auf der Oberfläche bleiben konnte, um sich besser orientieren zu können, aber alle sechs Hillers waren draußen. Obwohl sie sich beeilten, zur Feuerstelle zu gelangen – die rote Glut und die aufsteigende Rauchfahne verursachten ihr immer noch ein mulmiges Gefühl in der Magengegend – und nicht auf die anderen Richtungen achteten, wollte Kahvi kein Risiko eingehen und tauchte wieder unter. Als sie das nächste Mal hochkam, um sich umzusehen, war sie direkt vor dem Floß, noch etwa hundert Meter entfernt, und die Hillers waren außer Sicht. Sie legte den Rest der Strecke an der Oberfläche zurück, bis sie wieder tauchen mußte, um die Eingangsluke zu erreichen. Sie kletterte so leise wie möglich hinein, aber das war nicht leise genug; das Kind spürte die Veränderung in der Bewegung der Flöße.

»Bist du das, Mutter? Wo warst du denn? Es hat schon wieder ein Feuer gegeben, und ich hab' Angst. Sollen wir wieder die Eimer holen?«

»Nein, Kleines. Das ist nur ein kleines Feuer, und es wird nicht bis hierhin reichen. Du kannst zugucken oder weiterschlafen, wie du willst.«

»Was machst du denn jetzt?«

»Ich werde eine Weile zusehen. Willst du zu mir herüberkommen?«

Es gab keine verbale Antwort, aber die Flöße änderten wieder ihren Rhythmus, und eine Sekunde später kuschelte sich die dünne Gestalt ihrer Tochter an sie: Worte waren unnötig, und Kahvi vermied es, noch etwas zu sagen. Danna half ihrer Mutter aus der Ausrüstung, ohne noch mal zu fragen, wo sie gewesen war – schließlich war es nichts Ungewöhnliches für sie, daß ihre Eltern nachts hinausgingen, um die Anker oder andere Sachen zu überprüfen. Einige Minuten vergingen, und Kahvi begann zu hoffen, daß die Kleine wieder eingeschlafen war.

Aber sie war noch wach. Sie sah ebenso wie ihre Mutter die Gestalten am Ufer, als es heller wurde, und fühlte, wie Kahvi sich bei dem Anblick versteifte.

»Was sind das für Leute, Mutter? Kommen sie hierher?«

»Das könnte ihre Absicht sein. Zieh deine Sachen an, Dan, aber setz die Maske nicht auf, bevor sie wirklich ins Wasser gehen. Und beeil dich.«

X

ZUFÄLLE: UNGLÜCKLICH

Hinter der Schleuse war es heller als draußen. Das Beleuchtungssystem der Stadt konnte nicht mit dem Tageslicht konkurrieren, war aber allemal besser als Mond und Kometenlicht zusammen. Earrin hatte vorgehabt, sehr vorsichtig aufzutauchen, aber ihm war rechtzeitig eingefallen, daß das auffälliger gewesen wäre als einfach vollkommen selbstverständlich hineinzuspazieren. Als es soweit war, war seine zur Schau gestellte Unbekümmertheit verschwendet, weil klein Mensch in der Kaverne war, in die die Schleuse mündete. Das war um diese Zeit keine große Überraschung, aber Fyn war doch erleichtert.

Das dauerte nur einen Moment, bis ihm klar wurde, daß er keine Ahnung hatte, wie er jetzt weitermachen sollte. Die beiden Hauptprobleme lagen auf der Hand: er mußte den gefangenen Eingeborenen finden und seine leeren Sauerstoffpatronen auffüllen. Das letztere würde sich von selbst erledigen, wenn er die Flaschen lange genug der Atmosphäre der Stadt aussetzte, aber es würde besser sein, sie an einer Sauerstoffblase aufzufüllen, die unter vollem Druck stand.

Wie er den Gefangenen finden sollte, wo er nicht die geringste Ahnung davon hatte, wie die Stadt angelegt war, von einigen Details, die seine Frau gelegentlich erwähnt hatte, einmal abgesehen, war ihm völlig unklar. Earrin hatte langsam den Verdacht, daß er nicht sehr realistisch, und noch weniger besonders klug vorgegangen war. Vermutlich würden die Sauerstoffdepots und die Kulturen am höchsten Punkt der Stadt liegen, da die Pflanzen Sonnenlicht benötigten – etwas in der Art hatte Kahvi auch einmal erwähnt. Demnach war alles, was er tun konnte, jede Möglichkeit zu nutzen, weiter nach oben zu gelangen. Er nahm den ersten Korridor, der ihm ins Auge fiel, einer von einem Dutzend, die aus der Höhle hinausführten.

Nach fünfzehn Minuten war er rettungslos verloren. Die Tunnel waren nicht gradlinig, wie auch Bones ein paar Stunden später feststellen sollte.

Auf jeden Fall ging es weiter. Je höher er kam, desto kleiner würde die Fläche der Ebene sein, auf der er sich bewegte, vermutete er; es war sehr wahrscheinlich, daß die Sauerstoffanlagen das gesamte obere Stockwerk einnahmen. Er brauchte seine Vorräte nicht zu benutzen – daß er die Luft der Stadt atmete, hätte ihn normalerweise beunruhigt, aber sie schuldeten ihm ja welche – und hatte demnach sehr viel Zeit.

Es war nicht nur Glück, das ihn davor bewahrte, als Eindringling identifiziert zu werden, während er stundenlang durch die Gänge wanderte. Er war durch ein selten benutztes Tor hineingekommen, oberhalb der dichter besiedelten Gebiete; und obwohl die meisten Menschen während ihres Lebens und ihrer Arbeit die Sonne nie sahen, richtete sich die Aktivität in der Stadt doch in erster Linie nach Tages- und Nachtzeiten, also schliefen die meisten. So etwas wie eine Polizei oder Wächter gab es nicht. Wie die Nomaden hatten auch die Städter dem Diktat der natürlichen Gesetze zu folgen, um zu überleben, obwohl diese Gesetze nicht dieselben waren wie die außerhalb der Stadt. Die Wächter hatten ihre eigenen Vorstellungen über Recht, und einige Generationen, in denen sie diese hauptsächlich gegen nomadisierende Missetäter verteidigt hatten, zusammen mit der Tatsache, daß gesellschaftliche Parasiten in einer so abgegrenzten Gemeinschaft nicht lange ihren Lebensstil behalten konnten, hatte jede Art von überwachenden Aktivitäten überflüssig gemacht. Natürlich gab es Ausnahmen; Zeiten hoher Kriminalitätsraten, gefolgt von Perioden angestrengter Wachsamkeit, wiederholten sich regelmäßig, doch Earrin hatte die Stadt in einer verhältnismäßig sicheren Zeit dieses Zyklus betreten.

Bei besserem Licht hätte seine dekorative Ausrüstung sicher einiges Aufsehen erregt. Die Platten mit Pseudoleben, die der Beleuchtung dienten, waren im Vergleich zu elektrischen Anlagen ziemlich schwach, selbst da, wo sie regelmäßig gefüttert und gewässert wurden. An vernachlässigten Stellen reichten sie nicht einmal, um Fußgänger vor Zusammenstößen zu bewahren.

Deshalb hatte Fyn keine Schwierigkeiten bei seiner Wanderung, obwohl er nicht wußte, in welche Richtung er ging. Er brauchte über eine Stunde, um einen Weg aufwärts zu finden, obwohl er in dieser Zeit auf zwei Treppen stieß, die nach unten führten. Er schloß ganz richtig daraus, daß das seine Hypothese – je höher desto kleiner – unterstützte. Die Treppe führte ihn etwa zwanzig Meter höher, an anderen Stockwerken vorbei, bis sie endete und er einen anderen Weg suchen mußte. Das dauerte nicht so lange, brachte ihn aber nur wenig weiter. Aber es bescherte ihm, obwohl er es anfangs nicht bemerkte, dafür einen Verfolger; eine schlanke Gestalt, mit Tentakeln bewehrt, die aussah wie ein Fisch, der auf seinem Schwanz lief. Er konnte später nicht mehr sagen, wieviel Zeit es ihn gekostet hatte, das Sauerstoffzentrum zu finden, aber die Sonne stand hoch, als er es endlich erreichte. Das goldbraune Tageslicht, das über den Korridor flutete, wies ihm das letzte Stück des Weges.

Um diese Zeit traf er öfter Leute, aber keiner achtete in den künstlich beleuchteten Gängen auf ihn. Seine Selbstsicherheit hatte im Lauf der Zeit zugenommen, und er fühlte nicht mehr den Drang, sich in eine Nische zu ducken, wenn jemand vor ihm auftauchte. Sein Verfolger tat genau das, was ihn bis dahin vor einer Entdeckung bewahrt hatte. Die oberen Korridore waren systematischer aufgebaut; der Beobachter hatte das Prinzip verstanden, und es gelang ihm, jedes Mal, wenn er sich hatte verstecken müssen, Earrins Spur wieder aufzunehmen. Eigentlich betrachtete das Wesen es nicht als wichtig, sich zu verbergen, aber es wollte bei Earrin bleiben, ohne ihn zu kompromittieren.

Die wachsende Zahl von Menschen um ihn herum machte Earrin aber dann doch zunehmend unsicher, als die Minuten verstrichen. Als das Sonnenlicht vor ihm auftauchte, belebten sich seine Geister wieder; das mußte die Versorgungsregion sein, in der Luft und Nahrung hergestellt wurden, und er konnte in kürzester Zeit sowohl seine Patronen als auch seinen Magen füllen, wenn er in dem Licht nicht erkannt wurde. Wie viele Kontrolleure würden um die Zeit oben sein? Und wie sehr würde diese Routinearbeit sie beschäftigen? Obwohl jeder ohne jegliche Formalitäten hineingehen konnte, um zu essen und seine Sauerstoffvorräte zu erneuern. Darüber hatte Kahvi niemals etwas erzählt.

Seine Anspannung wuchs noch, als er das Ende des Tunnels erreichte und ein paar Meter über ihm eine Gestalt erschien. Glücklicherweise hatte sie – eine Frau, anscheinend bedeutend älter als Kahvi – sich bisher im vollen Sonnenlicht aufgehalten und konnte im ersten Augenblick kaum etwas sehen. Sie bemerkte Earrins Anwesenheit und nickte ihm gedankenverloren zu, als sie an ihm vorbeiging, und das war auch schon alles. Sie ließ ihn stehen, fünf Meter vom Sonnenlicht entfernt, ohne ein Hindernis im Weg.

Allerdings kam er gar nicht so weit. Ein plötzlicher Überraschungsschrei hinter ihm ließ ihn blitzschnell herumwirbeln. Ein paar Meter hinter ihm stand die Frau, die gerade an ihm vorbeigegangen war und jetzt offenbar den Schrei ausgestoßen hatte; und ein Stück vor ihr verschwand eine weitere Gestalt in einem Seitentunnel. Diesmal hatte der Beobachter Pech gehabt. Fyn hatte keine Einzelheiten erkannt, weil seine Augen schon an die Helligkeit vor ihm gewöhnt waren, aber er hatte genug gesehen, um zu wissen, warum die Frau geschrien hatte. Sein erster Impuls war, ebenfalls zu verschwinden, und er drehte sich beinahe um, um in den Tunnel zurück zu laufen. Aber die Frau hatte ihn ja schon gesehen; und was war, wenn in den Räumen über ihnen Leute waren, die den Schrei ebenfalls gehört hatten . . .

Er ging den Tunnel herunter, in dem die Frau stand. »Was ist denn passiert?« fragte er, und die Angst in seiner Stimme war nicht nur gespielt.

»Da war etwas – eines dieser Tiere von draußen –, es ist in den Seitentunnel gelaufen«, gab sie zurück, und ihre Stimme war viel ruhiger, als nach dem Schrei zu vermuten war.

»Wie soll das möglich sein?« fragte Fyn. »Wie soll es denn in die Stadt gekommen sein?«

»Sei kein Dummkopf«, war die wenig taktvolle Antwort. »Sie könnten durch jedes beliebige Becken hereingekommen sein. Der Bürgermeister hat erklärt, daß wir sie nicht alle unter Beobachtung halten könnten, und daß es gefährlich wäre, auch nur ein einziges zu schießen. Aber ich finde, es ist gefährlicher, sie offenzulassen, wenn wir sie nicht mehr brauchen. Was sollen wir jetzt wegen diesem Tier machen?«

»Warum sollten wir denn überhaupt etwas tun? Was kann es denn schon anstellen?« erkundigte sich Earrin, in einem, wie er meinte, ruhigen und vernünftigen Ton. Die Frau drehte sich um und sah ihn scharf an.

»Wo bist du denn aufgezogen worden?« schnappte sie. »Sie sind keine Bürger und haben kein Recht auf die Luft dieser Stadt. Bist du denn etwa einer dieser Fortschrittler, die behaupten, es gäbe mehr als genug Sauerstoff?«

»Aber sie brauchen doch gar keinen Sauerstoff. Sie atmen ja nicht«, meinte Earrin.

»Woher willst du das denn wissen?« Die Frau starrte ihn jetzt mißtrauisch an.

»Ich arbeite draußen.« Earrin gab die einzige Antwort, die möglich war, und hob dabei seine Maske hoch.

»Und wieso solltest du dann etwas über die Tiere wissen, wenn nicht –« Sie brach ab und schien ihre anfängliche Angst zu vergessen. »Komm mal mit zurück ins Licht.« Sie nahm ihn am Arm und marschierte mit ihm zum Ende des Tunnels. Earrin, der eine so energische Persönlichkeit nicht gewöhnt war, außer durch Kahvis liebevollen Takt verborgen, und unfähig, Gewalt gegen jemanden anzuwenden, ließ sich mitzerren. Er versuchte noch zu entscheiden, ob er eine Demaskierung als Nomade hinnehmen oder sich absetzen sollte, um Bones zu treffen – der ihm anscheinend die ganze Zeit gefolgt war – und mit ihm den Rückzug anzutreten. Er konnte aber nur herausbringen, was er für ein vernünftiges Argument hielt.

»Wie sollten sie draußen leben können, wenn sie atmen müssen?« fragte er. »Ich dachte, daß selbst Bürger, die noch nie draußen waren, wenigstens so viel wissen, wie Außenseiterkindern beigebracht wird.«

»Deine Beleidigungen kannst du dir sparen«, war die Antwort. »Du kannst mir nicht erzählen, daß irgend etwas lebt, ohne daß es in irgendeiner Weise atmen muß.«

»Aber wie sollten sie dann . . .« Earrin gab auf. Sie war eine Hiller, und Hiller dachten eben anders, genau wie Bones das anscheinend bisweilen tat. Bones war allerdings gewöhnlich logisch, wenn man sich die Zeit nahm, genau zu überlegen, was er meinte; das hier schien dagegen etwas anderes zu sein.

Im Sonnenlicht sah die Frau ihn prüfend an.

»Das dachte ich mir. Nomade. Ich vermute, daß du das Tier mit hereingebracht hast.«

»Nein, Lehrer.« Earrin meinte das nicht ironisch, seine alten Reflexe waren automatisch aktiviert worden. »Es kann sein, daß es mir folgt, aber ich weiß nichts über dieses Wesen.«

Die Frau, ein dürres Individuum mit grauen Haaren, die ebensowenig wie ihre Haut den gelblichen Schimmer zeigte, den das Leben im Freien mit sich brachte, schien seine Aussage zu befriedigen. Nomaden konnten nicht lügen, das war allgemein bekannt. »Hast du es schon früher einmal gesehen?« fragte sie.

»Eines habe ich ziemlich oft gesehen«, antwortete Earrin vorsichtig. Dieses hier habe ich nicht klar genug erkannt, um sagen zu können, ob es dasselbe ist.« Er fühlte einen leichten, imaginären Schmerz, konnte sich aber sagen, daß das keine Lüge war; es mochte Bones sein oder auch nicht, obwohl der andere angeblich gefangen worden war. »Sollen wir versuchen, es einzufangen und herauszufinden, ob es mir gefolgt ist?«

Du solltest die Stadt lieber sofort verlassen, du kannst nicht sagen, daß *du* nicht wenigstens unsere Luft atmest. Trotzdem, wenn du mir versprichst, nicht mehr an Flucht zu denken, und wenn du mir hilfst, es einzufangen, bin ich einverstanden.«

»Versprochen.« Fyn wollte ebensogern wie die Hiller einen Blick auf den Eingeborenen werfen. Es schien sehr wahrscheinlich, daß es Bones war, aber je länger Earrin darüber nachdachte, desto mehr schien es ihm, als hätte zwischen Bones und dem, was er so kurz gesehen hatte, ein Unterschied bestanden.

»Nun gut. Kommt mit.« Die Frau, die Earrins Wort anscheinend unbedingt vertraute, ging wieder in den Tunnel zurück. Sie erreichten den Kreuzweg, an dem der Eingeborene geflüchtet war, und sahen um die Ecke. Nichts außer schwach beleuchtetem Stein und dunklen Abzweigungen war zu sehen. Sie gingen hindurch und blickten in jeden Raum, an dem sie vorbeikamen. Dreißig, vierzig Meter weit schwiegen sie beiden, dann begann die Frau zu sprechen.

»Weshalb bist du in die Stadt gekommen? Wolltest du etwas stehlen?«

»Was meinst du damit?«

»Etwas für dich selbst mitnehmen, ohne es gemacht oder dafür bezahlt zu haben.«

»Nein. Ich suchte etwas, aber nicht, um es mitzunehmen.«

»Nicht einmal Sauerstoff?« sagte sie höhnisch. Fyn war von der Frage ein wenig schockiert.

»Wie kann man denn Sauerstoff stehlen?« fragte er. »Ich weiß, daß ihr ihn als Stadteigentum betrachtet, aber deshalb würdet ihr ihn doch keinem vorenthalten. Selbstverständlich wollte ich meine Vorräte auffüllen.« Seine Stimme verbarg seine Gefühle in dieser Angelegenheit nicht im mindesten.

»Das ist stehlen. Du hast nicht das Recht, es zu tun.«

»Da bin ich anderer Meinung. Erstens könnt ihr niemandem den Sauerstoff vorenthalten, den er braucht. Zweitens, einige eurer Leute haben mich dazu gezwungen, heute nacht mit ihnen zu gehen, wobei ich Sauerstoff verbraucht habe, den ich unter anderen Umständen aus meinen eigenen Kulturen hätte ersetzen können. Ich denke, ich habe absolut das Recht, mich aus den Beständen der Stadt zu versorgen. Diese Leute schulden es mir.«

»Sie haben dich in die Stadt gebracht?«

»Nein.« Fyns gewohnheitsmäßige Ehrlichkeit bestimmte seine Reaktionen, obwohl er bezweifelte, daß es klug war, die ganze Geschichte zu erzählen. »Sie hatten es angeblich vor, aber ich bin nicht bei ihnen geblieben. Sie wollten etwas von mir, mit dem ich ganz und gar nicht einverstanden war. Wenn ich nach Hause gegangen wäre, hätten sie mich direkt gefunden, deshalb bin ich hierhergekommen, um meine Vorräte aufzufüllen.«

»Und du bist einfach durch das nächstbeste Tor gekommen, das du finden konntest. Hat niemand versucht, dich aufzuhalten?«

»Als ich ankam, war niemand da, weil es Nacht war. Ich versuche schon den ganzen Tag, mich hier zurechtzufinden.« Sie sah ihn nachdenklich an und, wie er meinte, jetzt auch etwas freundlicher.

»Du hättest dich nicht nur mit Luft versorgen müssen«, meinte sie.

»Das ist doch klar. Nahrung und Luft gehören doch zusammen. Oder wächst eure Nahrung nicht auf . . .«

»O doch. Wenn du mir bei diesem Tier hilfst, können wir dich vielleicht mit beidem versorgen.«

»Ihr schuldet es mir sowieso. Meine Fracht ist noch nicht bezahlt worden, und der Preis war mindestens zwei neue Kulturen für Sauerstoff und Nahrung oder Baumaterial.« Earrin erzählte ihr die Einzelheiten, ohne dabei auf Bones und seine Beziehung zu der Familie einzugehen. Die Frau war sehr überrascht.

»Von derartigen Geschäften mit Nomaden habe ich noch nie gehört«, sagte sie. »Ich weiß, daß mehrere Leute manchmal mit ihnen handeln, und mir ist zu Ohren gekommen, daß es Gruppen gibt, die gegen das Gesetz verstoßen und neue Pflanzenarten am Leben lassen. Ich wußte nicht, daß Material wie eure Fracht überhaupt benutzt wird. Was soll man denn mit Kupfer und Glas anfangen? Ich habe schon Werkzeuge aus Kupfer gesehen, und natürlich ist das Dach der Sauerstoffabteilung teilweise aus Glas, damit das Sonnenlicht hineinkommt. Aber schließlich werden ja keine Versorgungsräume mehr gebaut.«

»Aus Glas kann man ebenfalls Werkzeuge herstellen«, erklärte Earrin, zog sein Messer und reichte es ihr. Interessiert untersuchte sie es und gab es dann zurück. Keiner von ihnen dachte an den Unterschied zwischen Werkzeugen und Waffen.

»Seltsam, ich habe nicht davon gehört, daß irgend jemand so etwas bestellt hätte«, antwortete die Frau schließlich. »Machen wir uns auf die Suche nach diesem Tier. Aber warte mal – vielleicht sollte einer von uns zur Treppe zurückgehen. Auf diesem Stockwerk gibt es nur die eine. Damit können wir es hier festhalten. Es könnte um uns herumschleichen und vor uns dort sein; in diesen Gängen gibt es keine Sackgassen.« Wieder mußte sie einige der Begriffe erst dem Nomaden erklären.

»Ich weiß nicht, ob ich die Treppe wiederfinde«, gab Earrin zu. »Wenn du meinst, daß sie beobachtet werden sollte, mußt du mir entweder den Weg zeigen oder Hilfe holen. Glaubst du, daß du mit dem Tier fertig wirst, wenn du es erwischen solltest?«

Es dauerte eine Weile, bis sie antwortete. »Ich weiß nicht«, meinte sie dann endlich. »Vielleicht ist es besser, wenn wir zusammenbleiben.«

»Ich glaube nicht, daß es dich verletzen würde. Das Tier, das ich eben erwähnte, habe ich oft genug gesehen, ohne jemals Schwierigkeiten mit ihm zu bekommen. Allerdings hat eine der Frauen in der Gruppe, die ich letzte Nacht traf, einige schreckliche Dinge über sie erzählt, daß sie ihre eigenen Kinder fressen und dergleichen. Hast du deswegen Angst?«

Was für eine Frau? Meinst du dieselbe Gruppe, von der du eben erzählt hast? So eine Geschichte habe ich noch nie im Leben gehört.«

Sie unterbrachen die Suche noch einmal, und Earrin fing mit der Geschichte von vorn an. Aus irgendeinem Grund schien die Frau davon beunruhigter zu sein als von der Ansicht des Eingeborenen.

Sie sah äußerst verstört aus, als er seine Erzählung mit der Beschreibung der »Invasoren«, wie seine ehemaligen Wächter sie genannt hatten, zu Ende brachte.

»Ich glaube, langsam begreife ich, was da vor sich geht«, sagte sie langsam. »Kannst du mir sagen, ob die Leute – nun ja – schmutzige Wörter benutzten?«

»Wie was zum Beispiel?«

»Ich – ich kann dir keine Beispiele geben. Über – du weißt

schon – diese Dinge, die die Welt ruiniert haben.« Fyn begriff, was sie meinte.

»Du meinst Dinge wie die Legende über Wissenschaften.« Das Wort allein verursachte ihr deutlich einen Schauder, aber sie schaffte es, ihm zu antworten.

»Ja, solche Dinge.«

»Direkt kann man das nicht sagen – zumindest haben sie nicht die Wörter benutzt. Sie haben gesagt, daß sie eines der Tiere einfangen wollten, die sie ›Invasoren‹ nennen, um herauszufinden, wie man sie töten kann. Sie vermieden die Wörter, aber was sie vorhatten, war zweifellos ein . . . das Wort, das du nicht magst. Sie glaubten die Geschichte nicht, wie die Luft verändert wurde . . .«

»Das ist nicht einfach eine Geschichte, es ist die reine Wahrheit! Die Menschen versuchten ein . . . diese Methode, um mehr Nahrung anbauen zu können. Das Ziel war es, mehr Stickstoff, den ihre Pflanzen benötigten, im Boden zu haben. Der Stickstoff verband sich auch mit dem Sauerstoff, und weil es schon damals sehr viel Stickstoff gab, wurde . . .«

»Ich kenne die Einzelheiten, ich habe sie oft genug gehört. Worauf es ankommt, ist, daß die Gruppe nicht daran glauben will; sie sind der Meinung, daß die Invasoren irgendwie den Sauerstoff aus der Atmosphäre entfernt haben. Sie wollen die Luft zurückverwandeln und glauben, daß sie dafür erst die Tiere loswerden müssen.«

»Ich verstehe.« Ihr Gesicht zeigte ihren Abscheu. »Sie waren alle ziemlich jung, nicht wahr?«

»Richtig. Um die siebzehn, achtzehn Jahre herum, noch nicht ganz erwachsen.«

»Das dachte ich mir. Das sind diese Verbrecher aus Hemenway. Aber ich hätte nicht gedacht, das sie solche Methoden wirklich anwenden würden. Die meisten von uns sind der Meinung, daß es nur Jugendliche sind, die die Phase des keiner-kann-mir-sagen-was-ich-tun-soll noch nicht ganz überwunden haben. Ich vermute . . .« sie verstummte, offenbar war sie in Gedanken versunken.

Earrin war beinahe so überrascht wie Bones über die Tatsache, daß Hillers nicht in allem übereinstimmten, aber für ihn war das einfacher zu verstehen als für Bones. Er wußte, daß die allgemein verbreitete anti-wissenschaftliche Religion von Stadt zu Stadt ein wenig verschieden war, hatte aber nie zuvor von einer Gruppe gehört, die sie einfach ablehnte. Wortlos nahm er die Suche wieder auf und ging die Korridore entlang. Bevor er nicht mehr Informationen hatte, wollte er das Gespräch nicht fortsetzen. Die Frau, deren Namen er nicht kannte, und die, wie ihm jetzt erst auffiel, auch nicht nach seinem gefragt hatte, schien ganz ähnlich zu fühlen. Sie untersuchte die Räume auf ihrer Seite des Ganges in vollkommenem Schweigen.

Sie war ihm ein Stück voraus, da die Räume auf ihrer Seite fast alle einteilig waren, während die meisten auf Earrins Seite in mehrere Kammern aufgeteilt waren. Er kam gerade aus einem dieser Zimmer, als er zwei Gestalten sah, die in Türen auf der anderen Seite verschwanden, beide ein ganzes Stück vor ihm. Die entferntere bewegte sich langsamer, und er konnte seine Partnerin bei der Suche erkennen; die andere, die er nur flüchtig wahrnahm, obwohl sie näher war, konnte er genauso schnell identifizieren. Er sprang leise auf die Tür zu, hinter der sie verschwunden war.

Die Kreatur hatte ihn ebenfalls gesehen und machte keine Anstalten, sich weiterhin zu verbergen. Sie wartete direkt hinter der Tür, außer Sicht der Frau, wenn sie den Korridor herunterkommen sollte.

Es war nicht Bones; das war Earrin im selben Moment klar, als er den Raum betrat. Er hatte zwar genau denselben Körperbau wie Bones, war aber nicht einmal so groß wie Earrin. Warum der Beobachter hier in den Gängen der Stadt herumlief, war mysteriös. Wenn er seinen Wächtern hatte entkommen können, die sich ja in Hemenway aufhielten, wenn die Frau keinen Unsinn redete, hätte er doch nach draußen flüchten können – doch vielleicht hatte er ebenso wie Earrin die Orientierung verloren. Er hätte sie gern danach gefragt, aber er wußte nicht, wie er das anstellen sollte. Es war möglich, daß er in seiner Gefangenschaft gelernt hatte, einige gesprochene Wörter zu verstehen, aber hatte mit Sicherheit dieselben Probleme mit der Lautunterscheidung wie Bones; und er hätte ihm ja sowieso nicht antworten können.

Fyn war natürlich verblüfft, als die Tentakel begannen, sinnvoll zu gestikulieren.

»Earrin. Ich war mir nicht ganz sicher, ob du es warst. Deshalb bin ich dir gefolgt, um mich davon zu überzeugen. Soll ich mich weiterhin außer Sichtweite halten, oder ist es in Ordnung, wenn die Person, die bei dir ist, sieht, wie wir miteinander reden? Und wirst du mir helfen, hier herauszukommen oder mir etwas zu essen besorgen?«

»Bones! Oh, mein Gott, was haben sie dir angetan? Egal, das kannst du mir später erklären . . . Nahrung können wir uns im Versorgungszentrum besorgen, ich weiß, wo das ist. Nicht weit von hier. Komm mit mir.«

Er hatte das meiste laut ausgesprochen, so daß die Frau, die gerade vorbeigekommen war, mitgehört hatte. Sie kehrte hastig um.

»Du hast es eingefangen!« rief sie glücklich. Dann änderte sich ihr Verhalten abrupt. »Warum – du hast mit ihm geredet! Wie kannst du denn mit einem Tier reden? Hast du es abgerichtet, wie es die Menschen früher gemacht haben, als es noch andere Tiere auf der Welt gab?« Dann wandelte sich ihr Ausdruck von Erstaunen und Neugier zu Wut. »Du kennst es von früher – . . . du hast mich belogen! Was für ein Nomade bist du denn? Wenigstens konnten wir euch früher trauen!«

Fyn war noch wütender. Während die Frau sprach, war er zu einer unglaublichen Schlußfolgerung gekommen, die aber die einzig mögliche war, die ihm seine Informationen übrigließen. Er schrie zurück: »Ihr widerlichen Heuchler! Experiment ist also ein schmutziges Wort, sagst du? Wissenschaft ist böse und hat die Erde ruiniert, nicht wahr? Und diejenigen, die sie anwenden, sind Verbrecher? Erzähl mir nichts von Lügen. Ihr Hillers habt an meinem Freund herumexperimentiert! Komm, Bones, wir gehen. Wir holen uns Nahrung und Sauerstoff, und wenn wir ein paar dieser menschlichen Karikaturen die Treppe hinunterprügeln müssen. Und dann machen wir, daß wir von hier verschwinden.«

XI

EXPERIMENT: AUFSCHLUSSREICH

Der Speer verursachte ihm Schmerzen, und ihn herauszuziehen, steigerte die Schmerzen noch. Bones erwartete, daß weitere Waffen folgen würden, doch die Menschen sahen nur interessiert zu, wie er den langen Schaft ganz durchzog und auf den Boden warf. Der Strom seines farblosen Blutes versiegte fast augenblicklich. Der Körper eines Beobachters war in keinem Fall unverletzlich oder unsterblich, aber die meisten seiner Orange, die ein menschliches Wesen als lebensnotwendig angesehen hätte, waren dezentralisiert. Er hatte kein einzelnes Herz, sondern Hunderte von kleineren Pumpmuskeln entlang der Blutbahnen; seine Nervenzellen benutzten interne Informationsspeicher anstelle von kodierten Verbindungen wie der menschliche Körper und wanderten durch den gesamten Körper, sowohl in einem Kreislaufsystem als auch in allen anderen Gewebeformen. Selbst seine Muskeln waren nicht zusammenhängende Gruppen von Zellen, sondern proteinähnliche Strukturen, die ihre Form ändern, ja sich bei Bedarf sogar umgruppieren konnten. Die Muskeln des Beobachters konnten tatsächlich Druck ausüben.

Deswegen fühlte Bones sich zwar äußerst unbehaglich, war aber nicht außer Gefecht gesetzt. Die Tatsache, daß derart große Beschädigungen den Körper gewöhnlich dazu stimulierten, einen Ableger zu produzieren, war ein Ärgernis, aber keine Katastrophe; Ableger waren bisweilen sogar ganz angenehm, wenn sie wirklich perfekt dupliziert waren. Aber das war gewöhnlich nicht der Fall.

Das dieser riesige Fisch sich weigerte, umzufallen, verblüffte den menschlichen Zuschauer, und eine stürmische Diskussion begann.

Bones verstand wieder einmal kaum etwas, und die verschiedenen Ausdrucksmöglichkeiten, die dem menschlichen Gesicht zur Verfügung stehen, bedeuteten dem Beobachter nicht viel.

Es schien das beste zu sein, jede weitere Aktion zu unterlassen, bis feststand, was diese Leute nun vorhatten. Was sie bisher getan hatten, erschien ihm rätselhaft, aber es war immerhin eine neue Information, die er speichern konnte.

Solange sie nicht in irgendeiner Weise handelten, war es praktisch, in der Zeit noch ein wenig zu essen. Das würde selbst dann nützlich sein, wenn es die anderen nicht zu informativen Aktivitäten anregte. Bones entfernte die Hülle von einer weiteren Pflanze und griff nach dem Inhalt. Unglücklicherweise kam die Reaktion so schnell, daß er nicht mehr kosten konnte; einer der größten Männer der Gruppe bellte einen kurzen, scharfen Laut, und sechs weitere Speere wurden zum Wurf angehoben.

Bones hatte keine kämpferischen Instinkte, aber er war ein durchaus intelligentes Wesen. Das Prinzip der Idee, jemanden, mit dessen Handlungen man nicht übereinstimmte, mit Gegenständen zu bewerfen, war zwar neu für ihn, aber nicht schwer zu begreifen. Warum sollte er es nicht einmal versuchen? Bones hatte das Gefühl, daß den Speer seinen Absendern zurückzuschicken, nicht so einfach sein mochte, wie es aussah; aber da waren ja noch genügend andere Gegenstände, deren Flugbahn weniger schwer zu berechnen war.

Der Pflanzkasten war zwar schwer, ließ sich aber dennoch recht gut bewegen. Zwei starke Tentakel holten aus, und Stein, Erde und Pflanzen flogen auf die Speerträger zu. Zwei von ihnen schafften es noch, ihre Speere zu werfen, während die anderen ihre Waffen fallen ließen und sich duckten, einer von ihnen allerdings zu langsam. Andere Männer hoben ihre Speere. Bones, der dem Paar, das auf ihn zugekommen war, ohne Schwierigkeiten ausgewichen war, ergriff einen anderen Kasten und hob ihn hoch.

Die Stimme, die den Befehl erteilt hatte, erklang wieder, und diesmal begriff auch Bones, was gemeint war.

»Halt!«

Bones hielt inne, nicht wegen des Befehls, sondern aufgrund seiner Auswirkung auf die Männer, die die Speere sinken ließen. Sie sahen den Sprecher an; sogar der Beobachter erkannte, daß sie auf weitere Befehle warteten – daß derjenige, der gesprochen hatte, auf irgendeine Weise die Handlungen der Gruppe kontrollierte.

Das Kommando wurde noch weiter ausgeführt, aber was Bones betraf, wurde die Rede unverständlich. Was für Informationen ausgetauscht wurden, warum der Anführer die Gewalttätigkeiten gestoppt hatte – es gab keine Möglichkeit, das herauszufinden. Wenn doch nur Kahvi oder Earrin dagewesen wären, oder sogar die kleine Danna . . .«

Es hatte keinen Sinn, sich so etwas zu wünschen; es war noch weniger nützlich als eine Einmischung oder Vermutungen anzustellen. Alles, was er im Augenblick tun konnte, war, die Leute zu beobachten.

Der Sprecher verstummte. Seine Zuhörer entspannten sich und teilten ihre Aufmerksamkeit zwischen ihm und dem Sprecher; soweit der Beobachter es beurteilen konnte, zeigten sie keine Anzeichen für weitere Gewalttätigkeiten.

Nur zwei aus der Gruppe bewegten sich. Sie gingen langsam und vorsichtig auf einen Tisch zu, der nicht weit von dem Beobachter entfernt stand. Sie trugen keine Waffen oder sonst etwas. Ihre langsamen, sehr kontrollierten Bewegungen nahmen die Aufmerksamkeit des Beobachters mehr und mehr gefangen, während einige Sekunden verstrichen.

Die beiden waren viel kleiner, als Menschen gewöhnlich waren, wenn auch nicht so klein wie Danna. Sie waren ungefähr so groß wie die andere Beobachtereinheit, die gefangengenommen worden war. Earrin oder Kahvi hätten sie auf dreizehn, vielleicht vierzehn Jahre geschätzt. Bones hatte nicht genug Informationen, um das beurteilen zu können. Beide waren männlich, eine weitere Tatsache, von der Bones nicht unterrichtet war, die er aber auch als unwichtig angesehen hätte.

Drei Tische von dem großen Fremden entfernt blieben sie stehen und zogen von dem gläsernen Tank eine leichte Hülle, die fast die gesamte Oberfläche der Apparatur bedeckt hatte. Einer von ihnen tauchte ein Netz in den Tank, das den Beobachter sehr interessierte; es war das erste gewobene Material, das Bones jemals gesehen hatte. Das Netz sank in die milchige, dünne Schlammbrühe, die das untere Drittel des Tanks ausfüllte; es wurde wieder herausgezogen, einen Moment zum Trocknen hochgehalten und dann zu Bones gebrachr.

Dieser überlegte, ob ihm Nahrung angeboten werden sollte, doch als das Netz wieder abtropfte, hellten sich die oberen Teile des Inhalts zu einem leuchtenden Weiß auf, und als es gebracht wurde, erkannte er die Art der Substanz.

Es war eine lose Anhäufung von Glassplittern, mit denen die äußerst wirksame Falle an der Feuerstelle aufgebaut worden war. Zum ersten Mal nahm Bones dabei zur Kenntnis, daß jedermann im Raum Sandalen trug.

Offensichtlich zufrieden, daß Bones das Material erkannt hatte, ging der junge Mann zur nächsten Tür und breitete es auf dem Boden aus. Der andere Junge, der ebenfalls ein Netz eingetaucht hatte, tat dasselbe an einer anderen Tür. Es bedurfte keines allzugroßen Scharfsinns, um zu verstehen, was geschah, aber Bones war nicht klar, wie er darauf reagieren wollte. Die älteren Wesen hielten immer noch die Speere in ihren Händen. Innerhalb von fünf Minuten war jede Tür, die aus dem Raum herausführte, versperrt, was Bones oder jeden barfüßigen Menschen betraf.

Der Beobachter fand das äußerst interessant, aber er machte sich keine Sorgen. Zweifellos war das eine bessere Methode, jemanden festzuhalten, als ein Gitter, einen Faktor ausgenommen. Es war faszinierend, daß diese Leute diesen Faktor nicht in ihre Überlegungen einbezogen hatten; solange sie es nicht taten, konnte er sich anderen Studienobjekten zuwenden.

Zum Beispiel der Tank, aus dem das Glas gekommen war. Es standen doch mehrere von der Art im Raum; in einigen war derselbe graue Schlamm zu sehen wie im ersten, in anderen befanden sich Klumpen porösen Gewebes in verschiedenen Stadien der Auflösung. Es war offensichtlich genug, daß die glasübersäten Netze in irgendeiner Art von Pseudoleben wuchsen, und dieses Gewebe sich mit der Zeit auflöste. Earrin wäre sicher daran interessiert gewesen, auch wenn er keine Verwendung dafür gehabt hätte.

Jetzt legten die Menschen ihre Speere nieder, bis auf ein halbes Dutzend, die den Raum verließen und ihre mitnahmen. Die Zurückgebliebenen begannen hastig zu arbeiten. Einige sammelten die Trümmer des Kastens ein, mit dem Bones geworfen hatte, andere hoben sorgfältig jeden Fetzen des Gewebes auf, das darin gewachsen war. Diejenigen, die er getroffen hatte, waren ebenfalls hinausgegangen, einige von ihnen hinkten noch. Das Gewebe wurde sorgfältig auf den Boden einiger Behälter gelegt, die aus einem anderen Raum gebracht worden waren. Diese wurden teilweise auf leere Tische gestellt, zum anderen Teil aus dem Raum getragen. Die Pflanzen, die Bones gekostet hatte, wurden genau untersucht und die Schutzhüllen wieder darübergezogen. Der Sinn all dessen war klar; er hatte Earrin und Kahvi mehrere Male dabei zugesehen, wie sie ähnliche Arbeiten erledigten. Die Kultur in dem Gestell, das er zerschlagen hatte, wurde neu angesetzt; die anderen wurden auf mögliche Infektionen überprüft. Die Sporen des Stickstofflebens waren überall in der Luft, sogar in einer abgeschlossenen Umwelt wie der Stadt. Wichtige Pflanzen wie etwa Sauerstoff- und Nahrungsproduzenten mußten sorgfältig geschützt und so weit wie möglich voneinander getrennt werden, damit eine einzige Infektion nicht die gesamten Bestände zerstörte. Die Kulturen, die Bones abgedeckt hatte, würden einige Tage lang peinlich genau überwacht werden.

Während all das vor sich ging, standen die kleineren Individuen einfach da und beobachteten den Fremden. Bones hatte den Verdacht, daß sie bedeutend jünger als der Rest waren, und begann zu überlegen, ob ein Kommunikationsversuch bei ihnen nicht mehr Aussicht auf Erfolg haben könnte. Danna war es damals viel leichter gefallen als ihren Eltern, Bones Tentakelzeichen zu verstehen. Dabei waren sie damals noch damit beschäftigt, das System zu entwickeln. Ihr Zeichenvokabular war nicht so groß wie das ihrer Eltern, doch was sie wußte, hatte sie bedeutend schneller gelernt. Möglicherweise war das eine Eigenschaft, die davon abhing, wie lange der Ableger existierte. Es schien einen Versuch wert zu sein.

Die Kinder waren sehr kooperativ. Sie beobachteten Bones' Tentakel und verstanden nach einer Weile, worum es ging. Erst imitierten sie das Wedeln der Arme, dann auch die Stellungen der Finger. Es wurde zwar keine echte Information übertragen oder empfangen, aber die Anfangsergebnisse sorgten dafür, daß Bones seine ganze Aufmerksamkeit den beiden zuwandte. Das stellte sich als Fehler heraus, wobei das Resultat auch wahrscheinlich das gleiche gewesen wäre, wenn der Beobachter mehr auf seine Umgebung geachtet hätte.

Für einen Moment hatte er sogar die Schmerzen vergessen, die ihm die Speerwunde verursachte, als plötzlich zwei Schlingen über seinem Kopf lagen und unterhalb der Augen zugezogen wurden. Sie waren noch in Reichweite der oberen Tentakel, die sofort zugriffen und die Schlingen abstreifen wollten; doch die Menschen zogen aus entgegengesetzten Richtungen so stark, daß die Seile schmerzhaft in das zähe, gummiartige Fleisch einschnitten. Bones konnte allerdings nicht stranguliert werden, und die größeren Teile seines Kreislaufsystems lagen zu tief im Körper, um auf diese Art blockiert zu werden; doch er konnte Schmerzen fühlen, und das tat er auch. Diesmal war der Beobachter absolut hilflos.

Die Kinder, nicht weniger überrascht als Bones, schrien verblüfft, und wie die Fyns bemerkt hätten, auch empört auf; sie hatten an dem sich entwickelnden Gespräch Gefallen gefunden. Es gab eine scharfe Diskussion zwischen ihnen und einem der älteren Jungen, die damit endete, daß die beiden schmollend den Raum verließen. Sie sahen zurück, als sie hinausgingen, während die riesige Gestalt zu einer Tür gezogen wurde, wobei darauf geachtet wurde, daß auf dem Boden kein Glas mehr lag, und der Gefangene dann hindurchgeschleift wurde. Bones sah sie nie wieder.

Als sie durch die Tür in den Korridor gelangt waren, hielten sie kurz an. Die Schlingen lockerten sich ein wenig, Bones' Augenäpfel gewannen ihre normale Form zurück, und sein Sehvermögen kehrte zurück. Ein weiteres Seil wurde um das andere Ende seines Körpers geschlungen, und zwar über den Flossen. Zwei weitere folgten an derselben Stelle; dann wurden die oberen Schlingen wieder zugezogen. Bones analysierte die Situation und fand keinen Ausweg. Die drei Seile wurden von drei Männern gehalten, und aus drei verschiedenen Richtungen gespannt. Jeder der Männer konnte dem Beobachter ohne weiteres aus dem Gleichgewicht bringen. Wenn es ihm tatsächlich gelingen würde, sich aus allen gleichzeitig herauszuwinden. Es schien, daß die Menschen es diesmal vorzogen, ihm die Möglichkeit zu belassen, sich aus eigener Kraft vorwärts zu bewegen.

Der Beobachter hatte es mit der Flucht nicht besonders eilig, obwohl er es vorgezogen hätte, seine Handlungen selber zu kontrollieren. Für eine Zeitlang war sein Bedürfnis nach Nahrung befriedigt, und falls man ihn nicht gerade in das gleiche Gefängnis brachte, in dem er bereits gewesen war, würde es zweifellos viel Neues zu lernen geben.

Doch da die Wahrscheinlichkeit ziemlich groß war, daß man ihn wieder ins Gefängnis brachte, sann er über geeignete Fluchtmethoden nach, während man ihn weiterschleppte.

Es brauchte seine Zeit, eine Schlinge zu lösen, doch schneiden ging schneller. Ob einer dieser Menschen ein Messer besaß? Für menschliche Augen war es ziemlich düster, doch nicht für die riesigen Augäpfel des Beobachters. Menschen, die wie zum Beispiel die Nomaden im Freien arbeiteten, trugen immer Werkzeuge mit sich herum; doch bei den Städtern mochte das weniger üblich sein.

Das war es tatsächlich. Von den zehn Menschen, die ihn begleiteten, trugen acht überhaupt nichts; die Kleidung, die innerhalb der Stadt getragen wurden, war so spärlich, daß er das auf Anhieb feststellen konnte. Die beiden, die Taschen bei sich hatten, in denen Messer oder ähnliches Werkzeug sein mochte, befanden sich an den äußersten Enden der Seile, mit denen Bones gebunden war, und achteten darauf, daß die Seile die ganze Zeit über straff gespannt waren. Der Beobachter entschloß sich zu einem kleinen Experiment und machte eine plötzliche Bewegung, als ob er in einen Seitentunnel springen wollte. Das wenig überraschende Resultat war eine horizontale Lage, die ohne die geringste Verzögerung eintrat. Man half ihm nicht beim Aufstehen, ließ ihn aber gewähren; offenbar hatten sie keine Lust, ihn zu tragen, wenn es nicht absolut notwendig war. Bones vermied von da an alles, was als Fluchtversuch ausgelegt werden konnte, aber einige Informationen speicherte er sehr sorgfältig. Einer der Männer hatte beim Strammziehen der Seile langsamer als der Rest reagiert, obwohl er nicht weniger geschickt als die anderen mitgeholfen hatte, ihn zu Fall zu bringen.

Allem Anschein nach gingen sie doch nicht zu dem ihm bekannten Depot. Zu Bones' Überraschung kam die Gruppe schließlich an eine Luftschleuse. Nachdem sie sich aus offenen, an der Wand entlang aufgereihten Regalen mit Ausrüstungen versorgt hatten, zogen sie sich an und nahmen den Gefangenen mit ins Freie. Bones war vollkommen verblüfft.

Ungefähr dreihundert Meter ostwärts war eine Lichtung, und zwar eine Lichtung im wahrsten Sinne des Wortes, deren Boden vollständig von jedem Bewuchs befreit war. Nicht einmal der übliche Stickstoffschleim bedeckte den Boden, von ein paar kleinen Flecken abgesehen. Sie führten Bones in die Mitte des Geländes.

Eine Angehörige der Gruppe kam zu ihm und nahm eine der Taschen von ihrem Gürtel, von denen Bones gehofft hatte, daß Messer darin wären. Wie zuvor die Kinder, hielt sie ihm die Tasche vor das Gesicht und zeigte, daß sich darin noch mehr von dem höllischen Glas befand. Dann verstreuten sie und ein anderer, der ebenfalls eine Tasche mitgenommen hatte, das Zeug auf der Lichtung. Sie beschrieben mehrere Kreise, und als die Taschen leer waren, war die Fläche in einem Umkreis von drei Metern um Bones herum unpassierbar, zumindest was ihn betraf. Dann verließen die Menschen, die alle Sandalen trugen, die Lichtung. Die drei, die die Seile gehalten hatten, ließen sie fallen und folgten dem Rest, doch eine harte Stimme stieß ein paar Worte aus, und sie machten kehrt, nahmen ihm die Seile ab und verschwanden damit.

Es war fast Mittag; die Flucht der beiden Einheiten aus ihrer Zelle lag schon viele Stunden zurück. Bones überlegte, was wohl aus der anderen Einheit geworden war, er dachte nicht an DEN anderen; die Beobachter konnten einander nicht als getrennte Persönlichkeiten betrachten. Sie alle waren nur Teile eines kollektiven Selbst.

Es gab eine ganze Reihe weiterer Fragen und nicht auf alle davon eine Antwort – besser als gar nichts, doch kein tatsächliches Wissen. Bones befand sich in einer ganz ähnlichen Situation wie die Menschen im Zeitalter der Zerstreuung, von lauter ansprechenden und attraktiven Wesen des anderen Geschlechtes umgeben und dabei zur Untätigkeit verdammt. Die Tantalus-Legende wäre auch passend gewesen, auch wenn andere Begierden gereizt wurden.

Seine Tentakel, auf denen er sich fortbewegte, waren fähig, viel schneller zu laufen, als man ihnen zugetraut hätte, auch wenn sie unglaublich dürr aussahen, aber Springen war etwas anderes. Bones dachte flüchtig daran, entschied aber, daß eine Landung auf dem Glas noch schlimmer ausgehen konnte, als darüberzulaufen, und damit war das Risiko für ihn nicht akzeptabel. Die Seile waren fort – anscheinend dachten einige Menschen bedeutend schneller als ihre Artgenossen –, und auch der Mann, der so schwerfällig reagiert hatte, war verschwunden; und Bones dachte wehleidig an den Plan, der so erfolgreich erschienen war, nun aber nicht ausgeführt werden konnte.

Langsam begann der die Situation zu begreifen. Diese Menschen wollten auf einfache, rationelle Art mehr über Bones erfahren. Es war eine völlig verständliche Sache – genau das, was jeder Beobachter getan hätte. Nun war Verständigung vonnöten. Schade, daß die Versuche mit den Kindern so abrupt unterbrochen worden waren, wobei ihm unverständlich war, wieso das geschehen war. Hatten diese Leute vielleicht eine schnellere Methode als die Lautübermittlung, um Informationen zu sammeln? Und wenn das nicht so war, warum verzögerten sie seine Versuche dann? Ein rätselhaftes Mysterium unter vielen, und wiederum gab es keine Antwort. Er war auf Vermutungen angewiesen, die ihm aber keine schlüssige Lösung präsentierten. Äußerst unbefriedigend. Er konnte lediglich davon ausgehen, daß es sich um einen Teil handelte, der seine Fähigkeiten prüfen sollte, mit ungewöhnlichen Situationen fertig zu werden, und versuchen, die Sache so schnell wie möglich hinter sich zu bringen.

Graben war mit den Tentakeln eine sehr mühsame Angelegenheit, aber nicht unmöglich. Die Erdschicht, die den felsigen Untergrund bedeckte, war nur wenige Zentimeter dick, würde aber ausreichen. Bones fing an, sie abzukratzen und zusammenzuhäufen, dann verteilte er sie über die Glasbarriere. Die Splitter waren bei Tageslicht gut zu erkennen, obwohl der Beobachter sie ohne seine schmerzhaften Erfahrungen auch dann nicht bemerkt hätte.

Seine ursprüngliche Idee war es, einen Pfad von etwa einem Meter Breite durch die Gefahrenzone anzulegen, aber bald wurde ihm klar, daß die Erde dafür doch nicht ausreichte. Der Beobachter änderte den Plan in einen besseren, der auch schneller ausgeführt werden konnte. Er bedeckte nur ein paar kleine Flecken und achtete darauf, nicht danebenzutreten, als die Arbeit Fortschritte machte. Es klappte vorzüglich.

Sechs Hillers hatten im Unterholz gewartet, und sie besaßen immerhin den Anstand, Bones über die Glasbarriere zurückzutragen. Einer von ihnen hatte einen Besen, mit dem er die Erde von dem glasübersäten Gewebe fegte. Eine andere Person hatte eine Tasche mit Glassplittern dabei, die er auf den Flecken, die Bones und der Besen vom Gewebe befreit hatte, ausbreitete.

Ohne lange zu überlegen, riß der Beobachter dem Jungen den Besen aus der Hand, rannte auf die andere Seite der Lichtung und begann sich einen Pfad freizulegen. Hätten die Menschen die Fläche umrunden müssen, wäre er erfolgreich gewesen; aber sie trugen Sandalen und konnten über das Glas laufen, ohne sich einen Weg bahnen zu müssen. Wieder einmal wurde Bones zurückgetragen und die freie Fläche wieder in die tödliche Falle verwandelt.

Bisher war die gesamte Angelegenheit sehr höflich verlaufen, keine Seite hatte Gewalt angewandt. Mehr als zuvor war Bones davon überzeugt, daß es sich um einen Test handeln müsse, und war trotz eines Anfluges von Ungeduld zur Zusammenarbeit bereit.

Sein Verhalten erfuhr eine Veränderung, als sie ihn zum zweitenmal zurücktrugen, weil einer der Männer, zufällig oder mit Absicht, sein Ende der Last auf die Glasfläche fallen ließ. Diesmal fühlte der Beobachter zu große Schmerzen, um seine Sympathien aufrechterhalten zu können. Einen Moment lang hatte er das Verlangen, den nächsten dieser Menschen zu nehmen und an den Füßen über das Glas zu schleifen; nur die Einsicht, daß sie trotz einiger Unterschiede intelligente Lebewesen waren, durchaus mit den Beobachtern zu vergleichen, half ihm, den Impuls zu unterdrücken. Diesmal hatte es eine Flosse und die umgebende Haut erwischt, und für eine Weile ignorierte Bones den Test und beschäftigte sich damit, das Zeug herauszuziehen. Die Verletzungen, die er bereits erlitten hatte, hatten wie erwartet, eine Art Knospung hervorgerufen, und dagegen konnte er nichts tun; aber es gab keinen Grund, mehr Schmerz als notwendig zu ertragen.

Als das Glas endlich draußen war und die Pein einem dumpfen Schmerz wich, stand die Sonne schon tief im Westen. Bones hatte beschlossen, bei Tageslicht keine weiteren Versuche anzustellen, obwohl das Risiko bestand, daß die Hillers ihr Testobjekt die Nacht über in die Stadt bringen würden. Das mochte ihm sogar Vorteile bringen, wenn dieselben Individuen die Seile halten sollten.

Auch wenn es andere sein sollten, würde sich vielleicht eine Möglichkeit bieten, den Plan, den er auf dem Hinweg geschmiedet hatte, auszuführen; wenn er es schaffen konnte, bevor sie eine Schleuse erreichten, hatte er die Situation unter Kontrolle. Der Mond würde erst einige Stunden nach Sonnenuntergang zu sehen sein, und der Komet würde noch vier Stunden später auftauchen.

So wartete Bones auf den Einbruch der Nacht, ohne den Hillers das Vergnügen weiterer Ausbruchsversuche zu gönnen. Einige Zeit nach Sonnenuntergang sah es so aus, als würde das Experiment die Nacht über fortdauern – sehr vernünftig, das mußte der Beobachter zugeben –, doch schließlich hörte er menschliche Stimmen aus der Richtung, in der die Luftschleuse lag. Bones kam auf die »Füße« – bisweilen brauchte der Riesenkörper auch Ruhe – und wartete gespannt.

Dadurch hob sich die schmale Gestalt gegen das Sternenlicht ab, und aus der anderen Richtung waren weitere Laute zu hören. Schnell wurde Luft eingezogen, und es folgte ein Aufschrei. »Bones!« Selbst der Eingeborene erkannte die Stimme sofort.

»Bones!« wiederholte Kahvi. »Komm her, aber schnell! Die Hillers kommen, und sie wollen dich angreifen, ja, sogar töten, wenn sie es können. Komm her zu mir!«

Unglücklicherweise war Bones nicht in der Lage, der Aufforderung Folge zu leisten. Das Glas war im Weg. Das war schon schlimm genug, wenn es auch fraglich schien, daß die Hillers tatsächlich den äußerst robusten Beobachter umbringen konnten; aber etwas anderes war noch schlimmer. Die Frau kam näher. Ihre nackten Füße waren ebenso verletzlich wie Bones untere Tentakel, was das Glas anging – unter Umständen noch verletzlicher, wenn man die Dünne der menschlichen Haut einkalkulierte. Der Beobachter versuchte, sie durch hektische Handzeichen zur Umkehr zu bewegen, aber die Nuancen seiner Gesten konnten in der Dunkelheit einfach nicht ausgemacht werden. In nur wenigen Sekunden würde sie das Glas erreicht haben und dann darauftreten; und was das Schlimmste war, jetzt konnte er erkennen, daß die kleine Danna bei ihr war.

XII

BEDROHUNG: MISSVERSTANDEN

Sie brauchten nicht lange zu warten; die Gestalten am Ufer sprangen ohne Umschweife ins Wasser. Kahvi hatte vorsorglich einige Patronen eingesammelt, die sie als Reserve herumliegen hatten; jetzt nahm sie noch einen Sack und packte Pflanzenfleisch und Milchtüten ein. Die Hillers hatten tieferes Wasser erreicht und schwammen bereits.

»Es geht los, Dan«, flüsterte sie. »Ins Wasser. Halt dich an mir fest. Ich werde schwimmen, du brauchst nur bei mir zu bleiben.« Das Kind drückte ihren Arm als stummes Zeichen der Zustimmung, und glitt lautlos in die See. Kahvi schwamm mit aller Kraft nach Norden. Der Zug an ihrer Schulter war leichter, als sie gedacht hatte; anscheinend wollte die Kleine sich auf jeden Fall nützlich machen, und paddelte mit den Füßen. Sie blieben knapp unter der Oberfläche, um den Mond sehen zu können, der links hinter ihnen hin und her schaukelte. Aber er war immer schlechter zu erkennen. Es begann zu dämmern.

Das Wasser war inzwischen zu flach zum Schwimmen. Kahvi zog Danna um sich herum und setzte sie vor sich ab, berührte die Maske des Kindes und bedeutete ihm zu schweigen, legte sich flach auf den Grund und zog die Kleine neben sich. Sie krochen langsam und vorsichtig weiter, und ihr Weg führte die beiden bald ans Ufer.

Sie hatten die nähere der Sayreinseln erreicht. Sie war nur ein paar hundert Meter von ihrem Ankerplatz entfernt, doch vollständig mit allen möglichen Pflanzen überwachsen und bot eine ausgezeichnete Deckung. Kahvi hatte nicht vor, hier längere Zeit zu bleiben; sie hoffte, daß die Hillers, wenn sie das Floß leer vorfanden, der Meinung waren, daß sie in die Stadt ginge. In dieser Richtung gab es keine Sauerstoffdepots. Sobald es dunkel war, würde sie nach Hause zurückkehren müssen; sie hatten genug Patronen, um damit den Tag überstehen zu können. In der Nacht würde sie das Floß hinter die Inseln bringen; Earrin würde sich denken können, wo er zu suchen hatte, und es war nicht sehr wahrscheinlich, daß die Hillers darauf kommen würden.

Vom Wasser aus liefen sie direkt in den Dschungel, wo sich die beiden Flüchtlinge ein bequemes Nest aus der umgebenden Vegetation herstellten, um sich auszuruhen. Ihre Mutter wollte schlafen, doch Danna verlangte Erklärungen. Kahvi versuchte die Situation so einleuchtend wie möglich darzustellen, aber erzählte nicht, was geschehen würde, wenn die Hillers sie einfangen würden; angesichts Bones' Anteil an ihrer Erziehung war es durchaus möglich, daß ihre Neugier wichtiger als ihre Vorsicht wurde. Gelegentlich hatte sie Interesse daran gezeigt, wie das Leben in den Städten ablief.

Als ihre Unterhaltung zu Ende ging, war es Tag, wenn die Sonne auch noch nicht sehr hoch stand. Der Mond war am goldenen Himmel fast unsichtbar, der Komet inzwischen ganz verschwunden. Kahvi streckte sich aus, um zu schlafen, nachdem sie ihrer Tochter zugeflüstert hatte: »Du sollst auch versuchen zu schlafen, weil heut nacht ziemlich viel Arbeit auf uns wartet. Ich weiß, daß es zu hell zum Schlafen ist. Wenn es nicht klappt, bleib wenigstens in der Nähe des Lagers. Wenn die Sonne untergeht, müssen wir ausgeruht sein – vielleicht sogar noch früher.« Dann schloß sie die Augen und entspannte sich.

Das Kind begann alles in Sichtweite zu untersuchen. Sie sah sich die schleimbedeckte Erde und die bewachsenen Felsen genau an und brach Zweige, Äste, Blätter und Rinde von größeren Gewächsen ab, die in der Nähe standen. Sie verglich sie Stück für Stück und stand sogar auf, um sie aus einiger Entfernung begutachten zu können. Darauf achtend, daß man sie von Süden aus nicht sehen konnte, hielt sie sich so nah wie möglich an einem dichtbewachsenen, struppigen Busch, der sie ein ganzes Stück überragte, und blickte aus dieser Deckung vorsichtig umher. Sie wagte sich sogar ein paar Meter vom Lager weg, blieb aber in Sichtweite ihrer Mutter, um nicht ungehorsam zu sein; dazu war sie zu sorgfältig erzogen worden. Sie fand mehrere ihr unbekannte Pseudopflanzen; die sammelte sie ein und brachte sie zum Nest, in der Hoffnung, daß ihre Mutter ihr etwas darüber sagen konnte, wenn sie aufwachte. Eine davon war eine Evolutionspflanze, ein künstlicher Organismus, der Enzyme produzierte, mit denen die stabile Struktur der meisten übrigen Pseudopflanzen aufgelöst werden konnte. Nur dieses Gewächs machte es den Menschen möglich, trotz des Niedergangs der menschlichen Technologie die Zucht synthetischer Organismen weiterzuführen, wenn auch nur nach dem primitiven Zufalls-und-Auslese-Prinzip, genau wie in früheren Zeitaltern so manche »Gegenkultur« fähig gewesen war, ein Automobil zu fahren und sogar zu reparieren, ohne die geringste Ahnung davon zu haben, wie man es herstellen mochte.

Hätte Kahvi diese Pflanze gesehen, wäre sie wahrscheinlich augenblicklich mit der Kleinen geflohen; sie hätte gewußt, daß die Insel kein sicherer Platz mehr war. Das Ding selbst war zwar nicht gefährlich, doch seine Existenz an dieser Stelle hätte ihr gesagt, daß es Hillers auf der Insel geben mußte. Die Evolutionspflanze wuchs nicht wild; um zu gedeihen, brauchte sie viel Pflege. Sie war völlig abhängig von der Anwesenheit menschlicher Zivilisation.

Aber Kahvi bekam die Pflanze nie zu Gesicht. Sie hatte keine Zeit, sie sich anzusehen, nachdem sie aufgewacht war.

Am Spätnachmittag wurde Danna von den Geräuschen durch den Wald trampelnder Menschen wach. Sie reagierte überlegt; mit der einen Hand drückte sie die Schulter ihrer Mutter und legte gleichzeitig einen Finger der anderen auf Kahvis Maske, die ihr Gesicht bedeckte. Kahvi wachte sofort auf und begriff die Situation in demselben Augenblick. Dem Kind beruhigend zunickend, erhob sie sich langsam und spähte durch die Büsche in die Richtung, aus der die Geräusche kamen.

Es war Westen. Dort lag Festland, das näher an der Insel war als das im Süden, von wo die Flüchtlinge gekommen waren.

Nichts sprach dagegen, daß ihnen die Flucht zurück ins Wasser gelingen würden, aber Kahvi war der Meinung, daß die Chance, ungesehen unterzutauchen, bedeutend geringer war als die Möglichkeit, hier im Dschungel verborgen zu bleiben. Nur würden sie sich nicht leise genug durch die Pflanzen bewegen können, und es war zu spät, um das Lager jetzt noch verbergen zu können. Selbst wenn diese Leute nicht gezielt nach den Flüchtlingen suchten, wenn sie das Lager fanden, würde die Jagd beginnen. Sollte es soweit kommen, mußten Kahvi und das Kind längst fort von der Insel sein, vorzugsweise mit irgendeiner Idee, wohin sie sich wenden sollten.

Also war das Wasser doch die beste Alternative. Sie warnte noch einmal Danna, keinen Mucks von sich zu geben, dann gingen sie den Pfad zurück, den sie sich in der Nacht hierher gebahnt hatten. Hinter ihnen wurden die Stimmen und die Geräusche knackender Zweige immer lauter – besonders vorsichtig schienen die Hillers bei ihren Aktionen ja nicht zu sein. Es war verführerisch, eine schnellere Gangart einzuschlagen und so schnell wie möglich ins Wasser zu kommen, doch Kahvi wußte, daß die Hillers ein Platschen ohne weiteres von der sonstigen Geräuschkulisse unterscheiden konnten. Sie hielt sich selbst zu einem langsamen Schleichen an, und Danna, so verängstigt sie auch war, blieb bei ihr.

Als die Kleine bis zur Hüfte im Wasser stand, hielten sie an und verteilten die Lasten neu, damit Danna eine Hand frei hatte, mit der sie sich an der Schulter ihrer Mutter festhalten konnte. Sie wateten langsam durch das Wasser, bis es tief genug zum Schwimmen war, und Kahvi glitt hinein. Ein paar Meter weiter waren sie vollständig untergetaucht, und sie konnten sich ein wenig entspannen.

Kahvi steuerte auf das Floß zu; es blieb ihnen nichts anderes übrig, obwohl sie ursprünglich vorgehabt hatte, es nicht vor Einbruch der Dunkelheit zu versuchen. Nach Norden zu schwimmen, um zu den westlich von der Halbinsel gelegenen Sauerstoffdepots zu gelangen, wäre möglich gewesen, hätte aber ein zu großes Risiko für den Preis eines begrenzten Vorrats an Luft bedeutet. Wenn sie es nach Hause schafften, ohne das Risiko einer Entdeckung eingehen zu müssen, würden sie reichliche Vorräte und ein wenig Ruhe zum Nachdenken haben. Und sie waren in der Lage, die See zu überblicken und einen weiteren Suchtrupp rechtzeitig zu bemerken. Unter Wasser so ein Ziel zu finden, würde nicht einfach sein, aber sie hatten ja ein paar Stunden Zeit zum Suchen. Die Sonne stand jetzt hoch genug, um eine ausgezeichnete Orientierungshilfe zu bieten, sie mußten nur die richtige Wassertiefe finden. Kahvi war auf keinen Fall eine professionelle Taucherin, aber bei dem Zustand, in dem die Erde sich im Augenblick befand, war der Unterschied zwischen Wasser und Luft eher visuell als über die Atemwege feststellbar; für Danna war das Meer der Teil der Außenwelt, in dem man schlecht sehen konnte.

Das größte Problem war, die ungefähre Entfernung abzuschätzen, aber Kahvi war sicher, daß sie das Floß oder die Anker schon finden würde, wenn sie das Gebiet nicht zu kraß verfehlten. Sie erklärte Danna ihren Plan per Zeichensprache und erlaubte ihr auch, in einem Abstand von einigen Metern allein weiterzuschwimmen, um ihre Sichtweite zu vergrößern. Sie hatte Verstand genug, um sich nicht an der Oberfläche zu zeigen.

Tatsächlich war es das Kind, das die Ankerleine fand. Die Kleine hielt sich daran fest und winkte ihre Mutter eifrig heran. Kahvi antwortete, schwamm hinüber und ließ sich an der Leine aufwärts zum Floß treiben. Danna blieb am Grund im Schatten des Rumpfes, während sie sich vorsichtig dem Eingang näherte und sich dann hineinzog.

Im Zelt war niemand zu sehen. Das Floß schaukelte im starken Seegang, deshalb konnte sie nicht feststellen, ob eines der Einzelflöße tiefer lag und damit die Anwesenheit von irgend jemand verriet. Schließlich kletterte sie, immer noch unsicher, ins Zelt. Sie duckte sich hinter die Reihen von Pflanzengestellen und kroch langsam durch den ganzen Raum. Niemand war hier drinnen, und wachsam hob sie den Kopf, um zu sehen, ob draußen oder an der Küste jemand war.

Es war jemand da, viel näher, als sie erwartet hatte. Der Kopf und die breiten Schultern eines Mannes standen am anderen Ende des Floßes, das der Küste zugewandt war, fielen ihr in den Blick. Mehr konnte sie von ihm nicht sehen, ohne aufzustehen.

Im Moment schaute er nach Sayre. Kahvi fühlte eine Bewegung in ihrem Leib, die das Baby sein mochte, wahrscheinlicher aber nur ihre unruhigen Nerven. Wie konnte dieser Bursche nur die Flüchtlinge übersehen haben, als sie die Insel verlassen hatten und ins Wasser gegangen waren? Und wie hatten sie ihn übersehen können? Die Entfernung betrug nur etwa zweihundert Meter. Natürlich hatte sie mehr auf die entgegengesetzte Richtung geachtet, und unter Umständen waren die Sichtscheiben der Masken der Hillers noch schlechter als ihre eigenen. Trotzdem . . .

Warum war er denn draußen? Es wäre klüger gewesen, hier im Zelt zu warten, wenn er Earrin oder Kahvi überraschen wollte. War er vorher hier drin gewesen? Wenn ja, dann mußte er jetzt von Danna wissen, deren Puppen und zweiter Anzug für nichts anderes gehalten werden konnten, als was sie waren. Vielleicht war er hiergewesen, hatte alles gesehen und hatte sich auf das Deck begeben, damit die Fyns nicht wußten, daß er es schon bemerkt hatte.

Spekulationen und Theorien würden ihr nicht weiterhelfen; das lange Zusammenleben mit Bones hatte sie schon beinahe so mißtrauisch gegenüber Vermutungen gemacht wie den Beobachter. Wichtiger war es, daß sie und Danna unbeobachtet wieder verschwinden konnten. Das bedeutete eine ausgedehnte Reise unter Wasser, der Weg um die Halbinsel herum mußte nun riskiert werden. Nach Süden zu gehen war sinnlos; die Küste beschrieb einen Bogen nach Osten, und ganz egal wo sie auftauchen würden, sie würden immer in Sichtweite von Menschen sein, außer wenn sie einen kleinen Fluß finden konnten. Aber das hieße, zuviel vom Glück zu erwarten.

Sollten sie noch mehr Vorräte mitnehmen? Nein. Es waren keine gefüllten Sauerstoffpatronen mehr da, und ihre Nahrung würde genausolange wie ihre Luft reichen. Zudem würde es die Aufmerksamkeit des Wächters erregen, wenn sie durch das Zelt schlichen, um Fleisch und Milchkapseln von den Pflanzen zu pflücken.

Als sie zu dieser Entscheidung gekommen war, sah sie plötzlich, wie sich der Posten ruckartig vornüberbeugte. Sie erstarrte; wollte er das Floß verlassen? Oder ins Zelt kommen? Dann ersetzten Mitleid und Sympathie ihre Angst. Der Bursche nahm gerade seine Maske ab, und Rumpf und Schulter hoben sich in eindeutiger Weise. Alle paar Sekunden hob er sich die Maske ans Gesicht. Offenbar hatte er noch nicht völlig die Kontrolle über sich verloren – aber jetzt war klar, warum er die Flüchtlinge nicht gesehen hatte und es sogar ungefährlich sein mochte, Nahrung zu sammeln. Der unglückliche Junge war seekrank.

Entschlossen den automatischen Drang, ihre Hilfe anzubieten, unterdrückend – es mußte noch jemand in der Nähe sein, der ihm mit der Maske helfen würde, wenn er wirklich die Kontrolle verlieren würde – schlich Kahvi ins Wasser zurück. Was war, wenn diese Sauerstoffverschwender so große Idioten waren, daß sie wirklich einen ihrer Leute ohne Hilfe oder gar ohne Beobachtung hier draußen allein ließen? Sie verdrängte den Gedanken. Jeder mußte die Verantwortung für das tragen, was zu tun er als notwendig empfand, und auch die Konsequenzen auf sich nehmen. Dieser Hiller tat seine Arbeit und war für sich selbst verantwortlich; sie wünschte ihm in Gedanken freies Atmen. Nichtsdestotrotz, ihre Arbeit war es, sich um Earrin und Danna zu kümmern.

Das sagte sie sich, als sie zu ihrem Kind zurückschwamm, aber sie fühlte sich unwohl dabei. Nicht so unwohl wie in dem Augenblick, als sie das Feuer entzündet hatte, aber es war unangenehm genug. Kahvi Mikkonen hatte schon eine ganze Reihe von Problemen mit sich widersprechenden Pflichten gehabt, seit sie Nomadin geworden war, und derartige innere Konflikte berührten sie tief. Earrin wäre ihr vielleicht eine Hilfe gewesen, wenn sie ihn oder er sie hätte finden können; er war nicht der Typ, der über unlösbare Fragen allzulange nachgrübelte. Auf der anderen Seite würde sie wohl nicht in der Lage sein, sich so weit zu überwinden, daß sie ihm von dem Feuer erzählen konnte. In den ersten Monaten ihres Nomadenlebens war er ihr ein verständnisvoller und toleranter Lehrmeister gewesen – sonst hätte sie auch niemals die große Zuneigung entwickeln können, die sie für ihn empfand –, aber selbst er mußte irgendwo eine Grenze haben, und ein Feuer zu legen, mochte durchaus jenseits dieser Grenze liegen.

Sie schwammen nun am Floß vorbei – Danna war inzwischen

zu ihr gestoßen –, und Kahvi streichelte sie zärtlich, als sie an dem Floß vorbeiglitten. Dann schwammen sie vom Floß weg, eine Zeitlang in Richtung Osten. Sie wollte nicht zwischen Sayre und dem Festland durchschwimmen, obwohl das Wasser tief genug war, denn es bestand immerhin die Möglichkeit, auf dem Weg einem Suchtrupp zu begegnen, der gerade von der Insel zurückkehrte. Da sie unter Umständen die kleinere Insel, die ein Stück weiter nördlich lag, durchsucht hatten, war es ratsam, einen Bogen von mindestens anderthalb Kilometer zu schlagen. Danna würde den Weg schon schaffen, da war sich ihre Mutter sicher, wenn sie nicht zu schnell schwimmen mußte. Das Wasser war lauwarm, so daß das ungünstige Verhältnis von Oberfläche zu Volumen bei der Kleinen keine Unterkühlung hervorrufen konnte. Das Wasser auf der ganzen Erde war in diesen Tagen warm, ausgenommen an den sich langsam auflösenden Polkappen. Die säureverseuchten Seen und Meere hatten den Großteil ihres aufgelösten Kohlendioxyd freigegeben, und dasselbe geschah mit den Kohlenstoffmineralien; der Treibhauseffekt heizte den Planeten auf. Die Stickstoffdioxyde absorbierten einen Teil der einfallenden Strahlung und verlangsamten den Prozeß, aber niemand konnte sagen, wohin die Entwicklung eines Tages führen würde. Glücklicherweise, zumindest für den allgemeinen Seelenfrieden, hatte kein menschliches Wesen auf der Erde die geringste Ahnung von dem, was vor sich ging; und es war nicht einmal Bones aufgefallen.

Indem sie sich in höchstens vier Meter tiefem Wasser bewegten, konnten sie sich ziemlich eng an den Umriß der Insel halten und ihn als Wegweiser benutzen. Als Kahvi endlich der Meinung war, daß sie weit genug gekommen waren, hatten sie beide einen unbändigen Hunger; Danna konnte nicht unter Wasser essen, obwohl die Masken der Nomaden das erlaubten. Ihre Mutter hielt es nicht für die richtige Gelegenheit, ihr diese Kunst nun beizubringen, da ein kleiner Fehler sie sicher gezwungen hätte, an die Oberfläche zu schwimmen, um das Wasser aus Dannas Maske auszublasen, und deshalb aß auch sie nichts.

Es stellte sich heraus, daß sie weiter gekommen waren, als notwendig gewesen wäre. Sie tauchten an der Mündung der

Bucht auf, die an einem nordwestlichen Ausläufer der Halbinsel lag, die Stelle, an der Bones in der Nacht zuvor entschieden hatte, daß ein Landungsversuch zu gefährlich wäre. Kahvi war sich bewußt, daß die Hiller so weit gekommen sein konnten, aber hielt es für sehr unwahrscheinlich, so entschied sie sich dafür, die Chance wahrzunehmen. Die beiden schwammen an Land, liefen schnell über den Strand in den dichten Dschungel und ließen sich nieder, um zu essen.

Die Sonne hatte längst den Meridian überquert. Danna war völlig erschöpft und müde, und Kahvi ließ sie ausruhen, obwohl sie in einiger Zeit ein Depot oder eine andere Sauerstoffquelle finden mußten. Sie bauten sich diesmal kein Lager; das Kind streckte sich in einer weichen Pflanze aus, die groß genug für es war und unter seinem Gewicht nicht nachgab, und Kahvi machte sich auf, um nach nützlichen Pflanzen zu suchen. Die Halbinsel oder zumindestens dieser Teil von ihr, schien von Menschen besucht worden zu sein, die eine ganze Reihe von Pseudopflanzen angesiedelt hatten; Kahvi war sich nicht sicher, ob das Absicht gewesen war. Sie wäre sich sicherer gewesen, wenn sie die Pflanze gesehen hätte, die Danna auf Sayre ausfindig gemacht hatte. Sie fand mehr als ein Dutzend verschiedene Stofflieferanten; ein riesiger Block Newellgewebe, aus dem die Fyns ihre Flöße herstellten, das durchsichtige Material, das für den Dachbau benutzt wurde, sogar das hochspezialisierte Gewebe, mit dem die Atempatronen gefüllt wurden. Die Pflanze war natürlich leer; Danna, die wieder aufgewacht war, konnte Stämme davon heben, die größer waren als sie selbst. Sie vergnügte sich damit, einen davon in der Gegend herumzuwerfen, während ihre Mutter ihr den Gebrauch der verschiedenen Gewächse erklärte.

»Glaubst du, daß wir diese hier wiederfinden würden, wenn wir sie brauchen?« fragte Kahvi.

Das Kind blickte sie nachdenklich an. »Wo werden wir dann sein? Ich habe die Orientierung verloren und weiß nicht einmal, wo Zuhause jetzt ist.«

Kahvi lachte. »Daran habe ich überhaupt nicht gedacht. Komm her, ich zeige es dir.« Selbst wenn sie kaum noch Sauerstoff hatten, das Kind mußte lernen, und sie konnte ein paar

Minuten für eine Lektion in Kartenlesen erübrigen. Danna begriff schnell, und nachdem sie einige Minuten die Diagramme studiert hatte, die Kahvi in den Boden geritzt hatte, konnte sie die Richtung zum Floß zurück zeigen und sogar eine brauchbare Schätzung abgeben, wie lange sie für den Rückweg gebraucht hätten. Sehr zufrieden mit sich selbst und dem Partner nahmen die beiden ihre Reise wieder auf.

Sie hatte nur noch ein kleines Paket mit Fleisch. Kahvi rollte es zusammen und befestigte es an ihrer Schulter. Sie war immer noch müde, und auch Danna hatte nur kurz schlafen können; aber sie ließ das Kind ihre Schultern umarmen, und nachdem sie ihre Patronen und Schläuche wieder geordnet hatten, um mehr Platz zu haben, schwamm sie los nach Südwesten. Der Umriß des Great Blue Hill erhob sich drei Kilometer entfernt in dieser Richtung, aber er war nicht ihr Ziel, sondern diente nur zur Orientierung. Sie plante, dem Kamm zu folgen, der der Halbinsel entlang in Richtung Süden verlief – derselbe, der ihnen die Sicht auf den Ankerplatz verdeckte – und der hoch genug war, um ihnen eine gute Aussicht über das Land zu bieten. Sie konnten von dort aus nach den im Gelände verstreuten Depots suchen, ohne von ihrem Ankerplatz oder von den Inseln aus gesehen zu werden.

Die Route war unglücklich gewählt, weil sie nahe an der Feuerstelle vorbeiführte, die auch Bones gefunden hatte. Als Kahvi sie sah, entschied sie auch diesmal, daß die Suche nach Sauerstoff um ein paar Minuten verschoben werden konnte, damit sie sich diese Kuriosität anschauen konnte. Bones Eigenheiten waren wohl ansteckend, ganz besonders für intelligente Menschen.

Der Inhalt der Feuerstelle war inzwischen zu weißer Asche verbrannt, die nicht einmal nachts sichtbar geglüht hätte, aber man konnte noch einen Rest Hitze spüren. Wie zuvor Bones war auch Kahvi sofort klar, daß das Feuer, das beinahe das nahe gelegene Depot zerstört hatte, hier seinen Ursprung gehabt hatte. Ihr fiel auf, daß der Steinwall, der das Ganze umgab, künstlichen Ursprungs war und wollte ihn näher untersuchen, auch wenn er keine Sauerstoffquelle war – oder *nicht mehr* war. Sie setzte Danna ab und wies sie an, sich auszuruhen, aber erwähnte nicht, daß es gefährlich sein mochte, sich dem Kamm zu nähern.

Das Kind, so müde es auch war, wollte sichergehen, daß die Vorstellungen, die es durch die Karten bekommen hatte, auch richtig waren. War das tatsächlich so, folgerte sie, würde sie das Floß von der Erhebung aus sehen können, die nur einige Dutzend Meter entfernt lag; und ohne daß Kahvi es bemerkte, stand sie auf und ging leise auf den Kamm zu. Die Vegetation hier war zu spärlich, um einen vor den anderen zu verbergen, und das Mädchen fühlte sich absolut sicher.

Es war unvermeidlich, daß sie dasselbe mit Glassplittern bedeckte Gebiet betrat, in dem Bones gefangen worden war. Ihr Schrei holte sofort Kahvi herbei. Deren Reflexe waren hervorragend, sie setzte nur einen Fuß auf die Gefahrenstelle; sie schaffte es, anzuhalten, bevor sie sich auch den anderen verletzte und hielt sogar den Schmerzensschrei zurück, der beinahe ihren Lippen entschlüpft wäre. Sie griff nach dem Kind und lief mit ihm im Arm ein paar Meter zurück, den rasenden Schmerz in ihrem linken Fuß ignorierend, bis sie fühlte, daß sie in sicherer Entfernung von dem waren, was auch immer diese Schmerzen ausgelöst hatte.

Sanft legte sie Danna zu Boden, sank selber um und wurde ohnmächtig.

XIII

WANDERUNG: MÜHSELIG

Schmerz hatte die Ohnmacht verursacht, und Schmerzen brachten sie wieder zu Bewußtsein; Kahvi war nur für wenige Sekunden außer Gefecht. Dannas Schreie waren leiser geworden, und ihr Erwachen wurde von der Erkenntnis begleitet, daß das Kind sich die Maske abgerissen hatte – sie war den tiefen Atemzügen im Weg gewesen, die die Schreie hervorgerufen hatten. Die kleine Brust hob sich noch, aber die Lippen hatten sich bereits blau verfärbt. Kahvi vergaß ihre eigenen Schmerzen. Sie tastete nach der fortgeworfenen Atemausrüstung, drückte auf den Balg, um den eingedrungenen Stickstoff herauszublasen, legte dem Kind die Maske wieder an und öffnete den Balg wieder, der sich mit reinem Sauerstoff aus den Patronen füllte. Sie konnte die Lippen nicht mehr sehen, doch das krampfhafte Keuchen wurde leiser, und nach kaum einer Minute atmete das Mädchen, immer noch bewußtlos, gleichmäßig.

Kahvi, deren Entsetzen einer erträglichen Angst gewichen war, untersuchte ihre Füße. Wie zuvor Bones hatte sie keine Schwierigkeiten, die Ursache der Schmerzen zu identifizieren. Im vollen Sonnenlicht waren die Splitter gut zu sehen und zum größten Teil problemlos zu ziehen. Ihre Form machte es einfach genug, sie loszuwerden; sie waren nicht normale längliche Splitter, sondern distelförmig, mit vier Spitzen, die jede zehn Millimeter weit in verschiedene Richtungen wiesen. Ganz egal wie sie auf dem Boden landeten, eine Spitze zeigte immer nach oben. Die anderen drei garantierten einen guten Halt auf dem Untergrund und glücklicherweise einen guten Griff zum Ziehen, wenn die Dinger ins Fleisch eingedrungen waren, zumindesten wenn sie nicht vorher abbrachen. Mit zwei oder dreien war aber genau das passiert, und Kahvi arbeitete noch an diesen letzten, als Danna langsam ihr Bewußtsein wiedererlangte.

Sofort kümmerte sie sich um das Kind und versuchte, ihm die Schmerzen zu erleichtern. Die Hillerspikes, wie Kahvi sie im stillen benannt hatte, schmerzten nicht so sehr, wenn man sie herausholte; aber wenn sie ins Fleisch getrieben wurden, war es eine wahre Tortur. Nachdem Danna wieder bei vollem Bewußtsein war und verstanden hatte, was überhaupt passiert war, half sie selbst mit.

Sie war viel schlimmer verletzt worden als ihre Muter. Sie war mit beiden Füßen in die Splitter getreten, dann hingefallen, so daß auch beide Hände, ein Großteil ihres rechten Arms und die ganze rechte Seite bis hinunter zum Bein in Mitleidenschaft gezogen worden war. Sie entfernten an die vierzig Stück dieser »Disteln«; Kahvi hatte nur sieben in ihrem Fuß gefunden.

Mit der Hilfe ihrer Mutter stand Danna schließlich auf und humpelte behutsam herum. Hinter der Maske waren noch Tränen zu sehen, aber sie hatte aufgehört zu weinen. Man konnte erkennen, daß sie noch Schmerzen hatte, aber die Selbständigkeit und Selbstbeherrschung, zu der ihre Eltern sie so streng erzogen hatten, machten sie zu stolz, um sich noch zu beklagen.

»Kannst du jetzt wieder laufen?« fragte Kahvi. Danna nickte zustimmend. »Nun gut. Ich werde dich noch eine Weile tragen, weil ich weiß, wie müde du bist und wie weh dir die Füße tun müssen. Aber ich muß sicher sein, daß du notfalls selbst laufen kannst, wenn es sein muß. Paß auf. Wir sind auf der Suche nach einer Stelle, an der wir Luft bekommen können, Luft und Essen, aber in erster Linie Luft. Du kennst das Gefängnis. Es ist ziemlich wahrscheinlich, daß wir etwas in der Art finden, vielleicht etwas größer oder kleiner. Vermutlich liegt es an einem Fluß . . .«

Sie mußte erst einmal dieses Wort erklären. Und den Grund dafür, daß sie an der Spitze des Kammes entlangliefen, wo ihr Ziel doch eher in einem Tal liegen würde. Und was sie machen sollten, wenn sie nicht rechtzeitig auf ein Gefängnis stoßen würden. Erst ein paar Minuten später konnte Kahvi die Kleine auf ihre Schultern heben und weitergehen.

Sie war in einer Hinsicht stolz auf sich: es war eine Versuchung gewesen, die Hillers nun als eine Bande von unmenschlichen Wilden und sadistischen Mördern anzusehen. Ihre Wut auf diejenigen, die diese höllischen Glassplitter gesät hatten, war zwar immer noch wie ein Glühen in ihrem Bewußtsein, aber sie übertrug sie nicht auf ihre Tochter, obwohl sie wußte, daß sie ihre gewohnheitsmäßige Abneigung gegen Gewalt nicht aufrechterhalten würde, wenn sie in diesem Moment einem Hiller begegnen würde. Es würde ein Vergnügen sein, ihm – oder ihr – die Maske abzureißen und zuzuschauen, wie die Kreatur hinterherlaufen würde, wenn sie sie weit wegschleudern würde, so weit wie möglich, und der Hiller stolpern würde und fallen und dann sterben, so wie Danna beinahe gestorben wäre. Geradezu angenehm würde es sein, einen von ihnen zu sehen, wie er sich auf dem Boden wälzen würde, der mit denselben Splittern bedeckt wäre, mit denen er anderen Leuten das Leben schwermachte. Ihn schreien zu hören, wie Danna geschrien hatte, zu beobachten, wie er vor Schmerz die Maske vom Gesicht riß, wie es ihre Kleine getan hatte . . .

Plötzlich mußte Kahvi das Kind absetzen und die Eßklappe an

ihrer Maske öffnen. Für ein oder zwei Minuten war ihr fürchterlich schlecht, während das Kind in unverhohlener Sympathie zusah.

Als sie wieder aufstand und die Maske zurechtrückte, fühlte sich ihr Kopf ebenso befreit an wie ihr Magen, aber sie war niedergeschlagen. Gewöhnlich genoß sie es, die Dinge um sich herum zu sehen – Hügel, Bäume und Pflanzen, den Himmel und die Wolken; sie hatte niemals eine grüne Welt gesehen, aber die vielfarbige Welt, die sie kannte, empfand sie als schön. Jetzt konnte sie keinen Gefallen daran finden. Es lag nicht nur daran, daß sie erkannt hatte, wie dünn die Haut ist, die menschliche Umgangsformen und Gewohnheiten über animalische Triebe legen; ihre Ängste waren konkreterer Natur. Solange sie liefen, durften sie sich nicht einmal umsehen. Sie konnten nicht einfach drauflosgehen; bei jedem Schritt mußten sie auf den Boden achten. Selbst wenn sie ununterbrochen hinunterschaute, würde sie aber die Hillerspikes nicht rechtzeitig sehen können. Das bedeutete, daß sie sehr vorsichtig auftreten mußten, um auch bei dem leisesten Anzeichen von Schmerz den Fuß sofort zurückziehen zu können, bevor das gesamte Gewicht auf ihm lastete.

Sie hatte keine Ahnung, ob die Hillers weitere Fallen aufgestellt haben mochten. Die einzige interessante Feststellung, die sie über die erste treffen konnte, war, daß sie zwischen dem Floß und der Feuerstelle lag. Hatte man jemanden – jemanden, der barfuß lief – vom Feuer fernhalten wollen, oder von dem Gebäude, das dort niedergebrannt war? Wenn es so war, konnte es noch mehr Fallen in der Gegend geben; aber sie konnte sich einfach nicht sicher sein, durfte aber andererseits auch kein Risiko eingehen, zumindest nicht, solange Danna bei ihr war; also gingen sie nur sehr, sehr langsam. Diese Verzögerung irritierte sie beide, und das brachte wieder unfreundliche Gedanken über die Natur dieser bestialischen Hillers hervor . . .

Sie gingen ungefähr den Weg, auf dem Bones getragen worden war, während Earrin eine ganz andere Route gewählt hatte. Kahvi orientierte sich jetzt an Hemenway, dem Ausläufer der Blue Hills, der am nächsten lag. Sie wußte, daß die Stadt unterirdisch weit ausgebaut war und vom Little Blue Hill im Westen bis Hemenway und Houghton im Osten reichte; und im Gegensatz zu ihrem Ehemann kannte sie die Standorte einer ganzen Reihe von Luftschleusen, die sie rechtzeitig finden würde, wenn sie kein Gefängnis mehr erreichen konnten, obwohl sie hoffte, Luft und Nahrung außerhalb der Stadt aufnehmen zu können.

Wenn es ihr nur darum gegangen wäre, hätte sie sich zur Westseite der Stadt wenden können, wo sie viele Gefängnisse kannte; aber sie hatte beim Lauschen auf dem Dach genug gehört, um Hemenway anzusteuern. Hierher hatten sie Earrin bringen wollen; auf dem Weg dahin war er ihnen entkommen; und selbst wenn er in der Zwischenzeit irgendwo anders hin gegangen war, es gab keinen anderen Platz, an dem sie die Suche nach ihm hätte beginnen können. Unglücklicherweise hatten sie in den Plänen für Notfälle, die sie mehr zum Spaß entwickelt hatten, niemals eine derartige Situation bedacht; und so gut sie ihn auch kannte, Kahvi hatte nicht die geringste Ahnung, wohin sich ihr Mann gewendet haben mochte.

Die Spitze von Hemenway lag ungefähr einen Kilometer von der Feuerstelle und der Glasfalle entfernt, demnach konnten sie nicht allzuweit von dem Weg entfernt sein, den Earrin genommen hatte. Sie entdeckten das Gefängnis, zu dem die Hillers Earrin geführt hatten, und nachdem sie eine Weile gewartet hatten und sich nichts tat, ging Kahvi hinein und fand es leer vor. Sie machten dort kurz Rast; aber natürlich fanden sie keinen Hinweis darauf, daß Earrin in dem Gebäude gewesen war, aber Kahvi hatte keinerlei Erfahrung, die ihr geholfen hätte, etwaige Spuren auf dem Boden zu lesen.

Sie zögerte nicht, von den Vorräten im Gefängnis zu essen und ihre gebrauchten Sauerstoffpatronen gegen volle einzutauschen.

Die Ruhepause war für beide zu kurz, und Danna sah nicht ein, warum sie weitergehen sollten, nachdem sie die Nahrung und den Sauerstoff gefunden hatten, von dem ihre Mutter gesprochen hatte.

Das erklärte sie dann auch, und Kahvi brauchte wieder eine Weile, um ihr die Situation darzulegen.

»Wir können nicht hierbleiben, weil ab und zu Stadtmenschen hierherkommen. Denk daran, daß wir nicht wollen, daß sie dich finden.«

»Aber warum verstecken wir uns nicht hier in der Nähe und kommen zurück, wenn wir Luft brauchen?«

»Das werden wir vielleicht tun, aber vorher müssen wir noch etwas anderes finden.«

»Was denn?«

»Deinen Vater. Ich glaube, diese Leute haben ihn mitgenommen, also werden wir ihn uns zurückholen, genauso wie er und ich dich zurückholen würden, wenn man dich uns fortgenommen hätte.« Das akzeptierte Danna zur Erleichterung ihrer Mutter als vernünftig. Sie war jetzt ausgeruht genug und hatte wieder ein wenig Mut gefaßt, obwohl sie noch nicht so zuversichtlich war, wie Kahvi es sich gewünscht hätte. Ohne weitere Klagen überprüfte sie ihre Kleidung und zog sich wieder an und lächelte sogar stolz, als ihre Mutter ihre Sorgfalt lobte.

Sie gingen nun den Hügel hoch, auf dem Hemenway lag. Die Sonne war untergegangen, aber der Himmel hatte sich noch nicht ganz verdunkelt. Zwischen den langsam dahintreibenden Wolken waren ein paar helle Sterne zu erkennen. Die Wanderer kamen nur langsam vorwärts, Kahvi ertastete sich den Weg. Danna lief wieder selbst, mußte aber hinter ihrer Mutter bleiben; die Erinnerung an das Glas war noch frisch, und sie hatte immer noch Schmerzen, deshalb bedurfte es keiner Ermahnung; sie tat, was von ihr verlangt wurde.

Kahvi erinnerte sich an eine Luftschleuse auf dieser Seite Hemenways und hielt darauf zu. Sie war der Meinung, daß sie Earrin mit einiger Wahrscheinlichkeit in der Stadt finden würden. Er würde wissen, daß er keine Chance hatte, zum Floß zurückzukehren, und er hatte ja auch keinen Grund dazu. Entweder war er frei und zu einem Gefängnis oder in die Stadt gegangen, um an Luft zu kommen, oder sie hatten ihn wieder eingefangen und nach Hemenway gebracht, wie sie es von Anfang an vorgehabt hatten.

In früheren Zeiten waren die Bürger des Great Blue Hill nur sehr selten nach draußen gegangen, wenn es dunkel war. Das schien sich inzwischen geändert zu haben, und Kahvi wagte nicht, sich so selbstverständlich der Schleuse zu nähern, wie sie es früher getan hatte. Da sie sowieso nur sehr langsam vorankamen, würden sie auch keinen Zeitverlust haben, wenn sie darauf achteten, niemandem über den Weg zu laufen.

Als sie das Schleusenbecken erreicht hatten, entschloß sie sich, eine Zeitlang hier zu warten, um zu sehen, ob einer dieser jungen Leute, die anscheinend öfters des Nachts im Freien herumliefen, in der Gegend war. Sie ließen sich zwischen einigen Büschen nieder, aus denen sie sich ein provisorisches Lager bauten. Danna ging ohne Widerrede schlafen; in der Dunkelheit, die sie umgab, gab es für sie wenig Interessantes zu sehen.

Trotz ihrer Absicht, wach zu bleiben, wäre Kahvi dem Beispiel ihrer Tochter gefolgt, wenn nicht wenige Minuten später Geräusche aus der Richtung gekommen wären, in der die Schleuse lag. Der Mond war zwar noch nicht aufgegangen, aber das Wasser des Beckens reflektierte einen Teil des Sternenlichtes, und die Reflexion wurde nun von Wellen und schemenhaften Silhouetten unterbrochen, die im Wasser auftauchten. Sie zeigten kein bißchen Vorsicht; einige von ihnen unterhielten sich, und gelegentlich gab es ein Plätschern. In Kahvis großem Schatz an tugendhaften Angewohnheiten gab es keine, die ein Lauschen verboten hätte; Informationen, eingeschlossen solche darüber, was andere Leute vorhatten und taten, waren lebensnotwendig. Sie hörte angestrengt zu.

»Glaubst du nicht, daß es inzwischen abgehauen ist?«

»Natürlich nicht. Les hat es beobachtet; er wäre zu uns gekommen, wenn es irgend etwas getan hätte, mit dem er nicht fertig geworden wäre, oder wenn es geflohen wäre, bevor er eingreifen konnte. Außerdem, was hätte es schon machen können? Bisher hat es sich weitgehend so verhalten, wie wir es erwartet haben.«

»Und wie«, fragte eine weibliche Stimme, »kommst du auf die Idee, daß es keine Einfälle haben könnte, an die wir nicht gedacht haben? Natürlich hat es erst die Dinge versucht, die offensichtlich sind. Manchmal klappen sie ja. Überleg doch nur mal, wie die beiden in der Stadt herausgekommen sind – und wir wissen immer noch nicht, wo das andere Wesen ist, was dir ja hoffentlich klar ist.«

»Das ist doch klar. Es ist in die Hauptstadt gegangen, wo wir nicht suchen können, ohne daß die alten Schwachköpfe hysterisch werden. Aber was soll's denn: wir haben wenigstens dieses eine. Maev ist der Meinung, daß es jetzt aller Möglichkeiten ausgeschöpft hat, mit denen es fliehen könnte, und wenn es noch da ist, könnten wir es genausogut mit in die Stadt nehmen, um noch ein paar Tests zu machen. Seht nach, ob eure Sandalen dicht sind, und bewegt euch vorsichtig; hier gibt's eine Menge Schleim, und wenn man ausrutscht, kann man sich den Kopf böse an einem Stein aufschlagen. Wir bilden besser eine Kette. Wer hat das Seil?«

Kahvi bekam das alles mit und zog die naheliegenden Schlußfolgerungen. Die beiden Gefangenen, von denen gesprochen worden war, mußten Earrin und Bones sein, und sie hatten den Eingeborenen wieder eingefangen. Aus irgendeinem Grund hielten sie ihn hier draußen fest – es schien sich um eine Art Test zu handeln. Die Gruppe hier sollte sie in die Stadt zurückbringen. Konnte Khavi ihnen irgendwie zuvorkommen? In welche Richtung gingen sie? Wie wurde Bones festgehalten? Wenn die Hillers gemeinsam an einem Seil gingen, mußte der Weg gefährlich sein; konnte sie ihn wirklich allein finden? Durch den Schleim hindurch vor den Hillers da sein?

Wie üblich entschloß sie sich sofort. Kahvi stand auf, zog das Kind mit hoch, während sie ihm strengstes Schweigen bedeutete und folgte der Gruppe vorsichtig. Sie bemühte sich, leise zu sein, nicht sosehr, weil sie fürchtete, daß man sie entdecken konnte, sondern weil sie weiter hören wollte, was die anderen sagten. Sie arbeitete sich langsam durch die Büsche, dann bemüht, auf dem schlüpfrigen Boden nicht auszugleiten.

»Was ist denn, wenn es nun tatsächlich weg ist?«

»Dann wünsche ich ihm freies Atmen, was sonst. Les wird uns sagen können, was passiert ist, wenn es ihn nicht aufgefressen hat.«

»Sie fressen keine Menschen, du Idiot.«

»Warum denn nicht, wenn sie sich gegenseitig auffressen?«

Die Frage blieb unbeantwortet, da wohl kein Biochemiker in der Gruppe war. Derjenige, der die Frage gestellt hatte, wartete kurz und redete dann weiter. »Mir gefällt die Idee nicht, so nahe an das Ding heranzugehen. Ich bin der Meinung, daß wir jetzt genug darüber wissen. Wenn es noch da ist, sollten wir noch ein paar Speere hineinstecken . . .«

»Warum soll denn ein Bündel davon mehr Sinn haben als ein einzelner?«

»Dann eben das Ding in Stücke schneiden und ein Feuer damit machen, sofern Maev es nicht aufschneiden will, um sich die Innereien mal anzuschauten.«

»Das kommt später. Das ist aber ihre Sache. Wir bringen es so, wie es ist, in die Stadt. Weitergehen!«

»Nein. Halt mal. Paßt auf, ich gehe erst einmal runter, und ihr kommt langsam hinterher. Wenn wir Waffen brauchen, kann ich euch wenigstens noch warnen, damit ihr euch verteilen könnt, bevor es zu spät ist.«

»Nun gut. Aber beeil dich, sonst haben wir gleich den Mond in den Augen.«

Kahvi hatte genug gehört; der letzte Satz hatte ihr zu verstehen gegeben, in welche Richtung sie gehen mußte – nicht präzise, jedoch deutlich genug, da es nicht mehr weit sein konnte. Sie lief nach Osten, und Danna eilte ihr nach. Das Risiko, auf Schleim oder Glas zu treten, mußten sie jetzt eingehen; wenn diese Hillers vorhatten, Bones aufzuschneiden, mußte sie hier weg oder zumindesten gewarnt werden.

Die Stimmen hinter ihnen wurden lauter; die Hauptgruppe kam näher. Was war mit dem einen, der vor ihnen sein mußte? Und wie weit war Bones noch entfernt? Ob sie rechtzeitig da sein konnte, um mehr zu tun, als nur zuzusehen, was passierte? Sie hörte Geräusche hinter sich, näher als die Stimmen. Da, rechts hinter ihr, war das eine Lichtung?

Das war es, und plötzlich sah sie Bones' Gestalt, die sich gegen den aufhellenden Himmel im Osten abhob. Sie mußte den Beobachter warnen; sie würde nicht genug Zeit haben, bis die anderen auftauchten, um ihr wirklich helfen zu können. Sie rief Bones laut an, und fast gleichzeitig erschien eine menschliche Gestalt, die sich Kahvi in den Weg stellte.

XIV

GESCHICHTE: UNKLAR

Earrin drehte der Frau den Rücken zu und ging durch den Tunnel zurück, dem Sonnenlicht entgegen. Der Pseudo-Bones folgte ihm. Die Frau, von der Wortwahl des Nomaden und noch mehr von seinen ungeheuerlichen Anschuldigungen entsetzt und schockiert, starrte den beiden wortlos nach, bis sie außer Sicht waren. In diesem Moment hatten ihre Denkprozesse ausgesetzt, sie war wie gelähmt. Natürlich glaubte sie nicht, daß an diesem undenkbaren Vorwurf etwas dran war; aber es war beinahe ebensoschwer zu glauben, daß ein Nomade lügen würde, und sie hatte noch weniger Hintergrundinformationen als Earrin und bedeutend weniger Vorstellungskraft, so daß sie erst gar nicht die dritte Möglichkeit in Erwägung zog.

Ihre Gedanken kehrten zu einer substantielleren Tatsache zurück, mit der sie etwas anfangen konnte. Ein Nomade und eines dieser Tiere wanderten durch die Stadt und atmeten Luft, die ihnen nicht gehörte. Sie sollten entfernt werden, was sie jedoch nicht allein in Angriff nehmen konnte. Die Leute, die sie als nächste erreichen konnte, waren die Kinder, die die Sauerstoffpflanzen pflegten, und die waren wohl kaum in der Lage, ihr zu helfen, aber es mochten ein, zwei Lehrer dabeisein, und wenn nicht, konnte immer noch eines der Kinder Hilfe holen. Sie folgte den Eindringlingen.

Als Earrin und sein Freund in das Sonnenlicht hinaustraten, war niemand in Sicht. Die Pflanzenabteilung war viel größer als die in Hemenway, in der Bones gefangengenommen war; sie erstreckte sich über Hunderte von Metern entlang eines welligen Plateaus an der Südseite des Great Blue Hills. Die Pflanzengestellte dagegen waren nicht dichter oder weiter voneinander aufgestellt; sie mußten ja manchmal verschoben werden, und zwischen ihnen bewegten sich Menschen. Die Pflanzen waren ein wenig anders konstruiert als die auf dem Floß; sie hatten zwar den üblichen Schutz vor Infektion durch Sporen, eine übergestülpte Blase und lagen in Wasserbehältern, produzierten aber mehr Sauerstoff. Das Gas entwich an den Rändern; auf dem Floß dagegen mußte man die Blasen regelmäßig abdecken, damit Sauerstoff aus- und Kohlendioxyde hineinströmen konnten. Der Pseudo-Bones erkannte, daß diese Pflanzen offenbar mit festen Kohlenstoffen gefüttert wurden, die wahrscheinlich von Sammlern herangebracht wurden, die in der Stadt verstreut waren; Earring verstand die Methode nicht auf Anhieb, der andere mußte sie ihm ausführlich erklären. Das dauerte eine Weile, denn das wissenschaftliche Vokabular der Zeichensprache war in mancher Hinsicht begrenzt.

Die meisten Pflanzen in Sichtweite waren auf jeden Fall Nahrungsproduzenten, die Earrin vertraut waren, und er hatte keine Hemmungen, eines der Plastikzelte zu entfernen und das Gewächs in aller Ruhe zu verspeisen. Der Beobachter machte es ihm nach, wenn er auch eine andere Wahl traf: Er nahm eine viel größere Pflanze, obwohl er ja ein ganzes Stück kleiner war.

Die Frau hatte sie vom Tunneleingang aus beobachtet und war wütend, sie kochte innerlich, hielt sich aber zurück, sonst wäre sie losgestürmt, um den Dieben die Früchte aus der Hand zu reißen. Selbst der kleinere war mit Sicherheit stärker als sie. Wo waren nur die Wachen?

Darauf gab es nur eine Antwort: die Ebene erstreckte sich weit nach Westen. Um nicht in Sichtweite der Eindringlinge zu geraten, mußte sie zurück in die Tunnel und um die Ebene herum in die andere Richtung gehen. Weder Earrin noch der Miniatur-Bones hatten ihre Anwesenheit bemerkt, und sie bemerkten auch nicht, wie sie wieder verschwand. Sie wunderten sich darüber, daß so viele Pflanzen in Sichtweite nur sehr nachlässig gepflegt zu sein schienen, wenn es auch nicht aussah, als ob welche infiziert worden waren. Earrin wußte natürlich, daß die Einwohnerzahl des Great Blue Hills nicht groß genug war, um ein ausbalanciertes Gleichgewicht herzustellen, aber ihm wäre nicht im Traum eingefallen, daß es selbst unter diesen Umständen möglich wäre, Sauerstoffpflanzen mit so geringem Sachverstand zu behandeln.

Zweihundert Meter westlich von ihnen erschien die ältere Frau wieder auf der Pflanzenebene aus einem anderen Tunnel und fand sich in der Nähe einer Gruppe von Wächtern wieder. Zu ihrer Erleichterung waren zwei von ihnen Erwachsene, und sie rannte zu den beiden hin, um ihnen ihre Geschichte vorzutragen. Beide kannten sie ziemlich gut und waren deshalb in der Lage, die hervorsprudelnden Worte in einen sinnvollen Zusammenhang zu bringen; einige der Kinder hatten damit allerdings Schwierigkeiten.

»Beruhige dich erstmal, Genda«, sagte einer der Lehrer besänftigend. »Du hast gesagt, daß ein Nomade in der Sauerstoffabteilung ist und daß er eines der Tiere von draußen bei sich hat, nicht wahr? Du brauchst dich darüber nicht so aufzuregen. Wenn es der Nomade ist, den ich hier vermute, wird er für seine Luft bezahlen, und die Tiere von draußen atmen ja gar nicht.«

»Das wollte er mir auch weismachen, aber ich glaube das nicht. Wie kann denn irgend etwas leben, ohne zu atmen? Probiere es doch einmal selbst!«

»Lassen wir das jetzt«, warf der andere Lehrer ein. Er kannte die Schwierigkeiten, Genda irgend etwas begreiflich zu machen, das mit Luft zusammenhing. »Wenn der Nomade gesagt hat . . .«

»Aber dieser Nomade lügt!« ereiferte sich die Frau. »Er hat behauptet, daß er nicht wüßte, daß ihm ein Tier folgt, und ein paar Minuten später habe ich gesehen, wie er mit ihm gesprochen hat!«

»Ich weiß nicht, was das zu sagen hat – meintest du, er hat mit ihm gesprochen? Mit einem dieser . . .« Der Lehrer, eine großgewachsene Frau um die Zwanzig, die das Haar kurz genug trug, um im Freien arbeiten zu können, aber keine Säureablagerungen auf der Haut vorwies, brach ab und drehte sich erregt zu ihrem Kollegen um. »Mort, hältst du es für möglich . . .«

Genda schnitt ihr das Wort ab. »Ja genau, mit ihm gesprochen, wie Doktor Doolittle. Er sagte, er kenne das Ding nicht, dabei mußte er es dressiert haben!«

Mort, von seiner eigenen Courage überrascht, wies sie mit einer Handbewegung an zu schweigen. »Zham, glaubst du, daß sie recht hat? Daß ein Mann tatsächlich mit einem dieser Dinger reden kann? Ich habe da einige Gerüchte gehört – wie wir alle – von Nomaden, die mit diesen Wesen zusammenarbeiten, die sie zu Hilfeleistungen antreiben können. Wie Genda, habe ich gedacht, daß es sich um Dressuren handeln muß, wenn überhaupt etwas Wahres an diesen Geschichten sein sollte; aber – sprechen? Das könnte sich als äußerst wichtig erweisen.«

»Richtig.« Genda bestätigte es noch einmal, wie gewöhnlich verstimmt darüber, daß die Bemerkung des Mannes nicht an sie gerichtet war. Keiner der Lehrer antwortete.

»Schwer zu glauben, aber wir müssen der Sache auf den Grund gehen«, entschied Zhamia. »Wo sind sie jetzt, Gen?« Die Frau, immer noch aufgeregt, deutete in die Richtung. »Also los, wir werden hingehen.«

»Werden wir sie hinauswerfen?« erkundigte sich Genda gespannt.

»Vielleicht. Wir müssen erst mehr über die Sache wissen. Möglicherweise haben sie uns etwas Wichtiges zu sagen.«

»Wir wissen alles Wichtige darüber. Hast du dir etwa diese Verbrecher von Hemenway angehört?«

»Werde nicht unverschämt. Natürlich nicht. Aber überleg doch einmal, Gen, diese Jungen predigen, daß nicht der Mensch und seine Lebensart die Erde zerstört haben, sondern diese Kreaturen. Das muß dir klar sein.«

»Ich widme meine Aufmerksamkeit doch nicht verblödeten Kindern. Sie weigern sich, einem zuzuhören, wenn . . .«

»Aber überlege doch, Gen. Wenn jemand mit diesen . . . diesen Tieren reden kann, bekommen wir unter Umständen eine Antwort auf diese Frage!«

»Die Antwort ist bekannt.«

»Ist ja gut, aber wenn diese Kreaturen uns sagen können, daß sie nichts mit der Veränderung zu tun haben und brauchbare Beweise vorlegen, die dieser Bande in Hemenway zeigen, daß sie im Unrecht sind, wenn sie das zugeben müssen, werden sie wohl etwas zurückstecken, das kannst du dir doch denken. Mach dir keine Sorgen, wir werden schon noch Bezahlung von diesem Nomaden bekommen, wenn er nicht schon längst bezahlt hat. Kommst du mit und hörst uns zu?«

»Ja!« riefen ein halbes Dutzend Kinderstimmen auf einmal.

»Ich habe Gen gemeint«, Mort lächelte. »Aber wenn ihr eure Gestelle alle versorgt habt, könnt ihr mitkommen. Haltet Augen und Ohren offen, es gibt für euch noch einiges zu lernen, was nicht mit Pflanzen zu tun hat.«

Earrin und sein Begleiter waren nicht überrascht, als sie die Gruppe auf sich zukommen sahen, aber sie waren sich nicht sicher, was sie tun sollten. Ihre Erfahrungen mit der Gruppe von Hemenway hatte ihre Überzeugung von der friedlichen Natur der Menschen im allgemeinen und der Hillers im besonderen schwankend gemacht, und Earrin glaubte immer noch fest daran, daß Bones durch ein rätselhaftes Verfahren auf ein Zehntel seiner ursprünglichen Masse reduziert worden war. Ein derartiges Verfahren mußte von Natur aus wissenschaftlich sein und damit im Gegensatz zu der Religion des Blue Hills stehen, und obwohl Earrin bei weitem nicht so religiös wie die Hillers als typische Städter war, empfand er Abscheu bei dem Gedanken an eine solche Heuchelei. Außerdem bedeutete das Unzuverlässigkeit, vom Standpunkt des Nomaden aus eine der am wenigsten akzeptablen menschlichen Eigenschaften. Was würden diese Hillers jetzt tun?

Die Gruppe sah nicht sehr bedrohlich aus, insbesondere was die Kinder anging. Ihren Gesichtern konnte man trauen, und dort las er nichts als Neugier. Selbst die beiden Erwachsenen zeigten nichts von der Wut und der Abneigung, die die andere Frau so deutlich ausdrückte; sie waren ebenfalls neugierig. Ihre ersten Worte waren sowohl freundlich als auch höflich.

»Ich bin Zham McDermott, das hier ist Mort Dremm. Soweit ich gehört habe, kennst du Genda ja schon, aber sie hat uns deinen Namen nicht genannt.«

»Sie hat mich nie danach gefragt«, antwortete Earrin. »Ich bin Earrin Fyn. Ich habe Material geliefert, das ihr in ein, zwei Tagen erwartet, soweit ich weiß, und warte hier auf meine Bezahlung, und, wie ich hoffe, auf weitere Aufträge. Das hier ist Bones.«

Man sah den Hillers ihre Erregung an.

»Er hat einen Namen? Er ist eine richtige Person?« fragte Mort. »Wir haben Geschichten gehört, aber wußten ja nicht – wir dachten, sie wären nur . . .«

»Ist Bones ein Er oder eine Sie?« fragte Zham ein wenig spitz.

»Das habe ich nie herausgefunden«, gab Earrin zu. »Meine Frau hält ihn für weiblich. Wir konnten es einfach nicht aus ihm herausbekommen, auf derartige Fragen antwortet er nicht; es scheint, als würde er sie gar nicht verstehen.«

»Aber du kannst mit ihm . . . mit ihr reden?«

»Ja. Er kann hören, aber nur sehr schlecht, und selbst nicht den geringsten Laut hervorbringen; er hat keine Stimme. Wir haben im Lauf der Jahre ein ziemlich gut funktionierendes Signalsystem ausgearbeitet; ich glaube, daß wir uns meistens ganz passabel verständigen können.«

»Warum Bones?« fragte Mort. »Ist das sein richtiger Name, den er euch gesagt hat, oder habt ihr ihm den gegeben?«

»Wie soll er ihnen den Namen sagen, wenn er keine Stimme hat?« fragte Zhamia. Dremm wurde rot.

»Die Idee stammt von meiner Frau«, erklärte Earrin. »Soweit wir das beurteilen können, hat er keine Knochen, deshalb nannten wir ihn Knochen, eben Bones. Er hat mit Sicherheit keine in den Flossen und den Tentakeln, und wir haben den Rest des Körpers schon zu den unglaublichsten Formen verrenkt gesehen. Es ist schwer zu glauben, daß überhaupt irgend etwas Festes in seinem Innern ist.«.

Keiner der Lehrer verstand diese Art Humor so richtig, aber sie waren zu höflich, um nach näheren Erläuterungen zu fragen. Sie hatten ja auch gar keine Möglichkeit dazu, weil Genda sich sofort grimmig vernehmen ließ.

»Er ist ein Lügner. Ich hab's euch gleich gesagt.«

Mort legte Gendas Gründe für diese Behauptung dar, so wie sie es den Lehrern erzählt hatte. Earrin mußte seine Gefühle unter Kontrolle halten und versuchte ruhig zu antworten.

»Als ich Bones das letzte Mal gesehen habe, war er über einen Meter größer als ich. Als ich ihn heute wiedersah, dachte ich, es wäre ein anderer. Ich hatte von einem dieser Leute gehört, der ebenfalls hier gefangengenommen worden war. Ich wußte tatsächlich nicht, daß es Bones war, bis er mich erkannte und begann, in unserer Familiensprache mit mir zu reden.«

»Kann euer Bones nicht diesen hier früher einmal getroffen haben und ihm diese Sprache beigebracht haben?«

»Kann er ihm beigebracht haben, mich innerhalb eines Augenblicks zu erkennen? Ich habe das Original vor ungefähr einem Tag zuletzt gesehen, und er war seit Monaten ununterbrochen mit uns zusammen. Wenn ein kleinerer Artgenosse in der

Nähe gewesen ist, der uns beobachtet und Sprachunterricht bekommen hat, dann ist er weder mir noch Khavi aufgefallen. Nein, das hier muß der echte Bones sein. Er ist eingeschrumpft. Ich habe ihn erst vor einer kleinen Weile hier in der Stadt so aufgefunden. Die Hillers, die mich gefangennahmen, haben zugegeben, daß sie einen von Bones' Leuten festhalten, um Experimente mit ihm zu machen, wenn sie das exakte Wort auch vermieden haben. Und genau das ist, was sie mit ihm gemacht haben. Sie behaupten, daß Bones' Leute von einem anderen Planeten gekommen sind und unsere Lufthülle zerstört haben; sie wollen die Luft wieder zurückverwandeln, und sie sind der Meinung, daß sie dafür erst einmal alle Eingeborenen aus dem Weg schaffen müssen, damit sie dabei nicht stören. Sie wollen sie ausrotten. Diejenigen, die sie fangen können, brauchen sie, um an ihnen herauszufinden, wie man einen Eingeborenen töten kann. Ich weiß zwar nicht, was sie mit Bones angestellt haben, aber es war sicher etwas, das zeigt, warum die Menschen der Meinung waren, daß Wissenschaft böse war.«

»Sie ist böse!« schnappte Genda. Earrin beachtete sie nicht.

»Es tut mir leid, wenn ich diese Genda beleidigt haben sollte, indem ich behauptete, daß sie in so etwas verwickelt wäre, aber sie hat mich einen Lügner genannt, und einer von euch Städtern muß in Wirklichkeit der Lügner sein. Als ich Genda erklärte, ich würde diesen Eingeborenen nicht kennen, glaubte ich es auch. Ich bin bereit, zuzugeben, daß sie nicht zu diesen Heuchlern gehört, aber ihr könnt mir nicht weismachen, daß es sie nicht gibt!«

»Es sind diese Teufel in Hemenway!« rief Genda. »Das hätte ich mir denken können! Nicht nur, daß sie böse Reden schwingen, gegen die Wahrheit und das Recht, nein, sie praktizieren es sogar. Sie benutzen WISSENSCHAFT – sie EXPERIMENTIEREN!« Trotz ihrer Wut hatte sie Schwierigkeiten, die verbotenen Worte herauszubekommen, und errötete, als sie es doch fertigbrachte. »Sie werden uns das Leben noch schwerer machen, als es ohnehin schon ist, wenn wir sie nicht stoppen! Selbst die Städte werden untergehen! Es tut mir leid, daß ich dich einen Lügner genannt habe, Earrin; ich wollte es ja selbst nicht glauben. Aber du verstehst jetzt, wie ich diesen Fehler machen konnte. Es ist genauso schwer zu glauben, daß . . . daß zivilisierte Leute, auch wenn sie noch so jung sind, daß sie . . . sie . . .« Sie brachte es nicht über sich, noch einmal die Worte in den Mund zu nehmen.

Fyn nahm die Entschuldigung an, obwohl es ihn wirklich wenig kümmerte, was diese Frau dachte. Die Informationen über die gesellschaftlichen Veränderungen, die in Great Blue Hill stattfanden, waren interessant, wenn auch ziemlich beunruhigend. Wenn man nicht mehr sicher sein konnte, was diese Leute im nächsten Augenblick tun würden, und wenn man sich nicht mehr hundertprozentig auf die Erfüllung ihrer Versprechen verlassen konnte, würden Kahvi und er ihre Beziehung zu Stadt und Menschen noch einmal überdenken müssen. Wenn man die Menschen dieser Stadt nicht mehr als eine Einheit ansehen konnte, mußte man neue, komplizierte Wege finden, mit ihnen umzugehen. Dieses Problem war für Earrin nicht weniger neu als für Bones.

Zweifellos war es die Gruppe aus Hemenway gewesen, die das Glas und Kupfer bestellt hatte, und demnach hatte er kein Recht, die Luft und die Nahrung der Hauptstadt zu benutzen – oder gehörte die allen Einwohnern? Und wenn die einen die Fracht haben wollten und die anderen nicht, wer bezahlte ihn dann mit dem Gemeinschaftseigentum? Es war zuviel auf einmal für Earrin, und zum erstenmal machte er sich ernstliche Sorgen, ob er und Kahvi überhaupt etwas für ihre Anstrengungen bekommen würden. Natürlich konnten sie auch so überleben; im Prinzip waren sie von anderen Menschen vollkommen unabhängig.

Aber der Mensch ist ein soziales Tier.

Sein Geist kehrte in die Gegenwart zurück; Zhamia redete gerade auf ihn ein.

»Als Genda uns erzählte, daß du mit Bones reden würdest, erkannten wir, daß wir Informationen bekommen könnten, die diese Verbrecher dazu bringen könnten, ihre Behauptungen zurückzuziehen«, sagte sie. »Vielleicht können wir sie nicht nur mundtot machen, sondern ihnen sogar ihre Irrtümer beweisen. Niemand weiß, wie lange diese – entschuldige den Ausdruck – Tiere schon hier sind, aber vielleicht haben sie eine Idee, wie es zu der Veränderung der Atmosphäre gekommen ist. Die meisten von uns sind selbstverständlich der Meinung, daß es Sünder waren, die mit Pseudoleben experimentieren, sie benötigten Nitrate, um damit Nahrung zu produzieren, obwohl mir unklar ist, wie das funktionieren soll, und entwickelten einen Organismus, der Stickstoff aus der Atmosphäre filtern und den Boden mit Nitraten anreichern konnte. Der benötigte ebenfalls Sauerstoff und zog ihn aus der Luft, und das klappte wohl zu gut. Die Hemenway-Gruppe widersprach und sagte, daß die Tiere, die sie Invasoren nennen, das getan hätten, um den Sauersoff zu entfernen und hier überleben zu können. Ich weiß nicht, wie sie die Tatsache erklären, daß Bones von der Sauerstoffatmosphäre hier in der Stadt vollkommen unberührt zu sein scheint, aber ich bin sicher, daß sie auch dafür eine Antwort haben. Ich überlege aber, ob Bones vielleicht weiß, was damals wirklich passiert ist; hast du ihn jemals gefragt?«

»Nein. Keiner von uns hat je daran gedacht«, gab Earrin offen zu.

»Wirst du es tun?«

»Natürlich. Ich habe noch nie geglaubt, daß es überhaupt jemals genug Sauerstoff in der Atmosphäre gegeben hat, um sie atembar zu machen, aber es wäre interessant, es herauszufinden.« Er ignorierte Gendas empörte Miene und wandte sich an den Beobachter.

Die Kinder lauschten und beobachteten fasziniert. Da Earrins Gesten hauptsächlich zur Unterstreichung seiner Worte dienten, damit Bones die Laute besser unterscheiden konnte, die sein Gehör und sein Nervensystem nicht differenzieren konnte, begriffen die Jungen, die besonders aufmerksam waren, das Prinzip sehr schnell. Mit den Antworten war es etwas anderes; sie wurden nicht nur mit den beiden oberen Tentakeln, sondern zudem noch mit einem Dutzend viel kleinerer Fühler gegeben, die im Halbkreis an beiden Seiten des großen Mundes um den Kopf herum angeordnet waren. Da die Übersetzung eher in Abschnitten als kontinuierlich gegeben wurde, wurde keiner von ihnen aus diesem Teil der Zeichensprache schlau.

Die Übersetzung selbst war etwas verschwommen; weder Fyn noch die menschlichen Zuhörer besaßen einen entsprechenden Hintergrund an Wissen. Im Prinzip besaß die Menschheit noch einige Kenntnisse in Physik und Astronomie, da noch viele Bücher existierten. In der Praxis aber war nur über die Chemie genügend Wissen vorhanden, da die Überreste der Menschheit in erster Linie durch die biochemischen Produkte vergangener Zeiten am Leben gehalten wurden. Sie waren mehr oder weniger in der Situation von Motorradfahrern, die sich weder ihre Maschinen zusammenbauen noch ihren Treibstoff selbst herstellen konnten, aber mit Ersatzteilen und Öl versorgt waren. Diese Versorgung wurde gewährleistet, weil die biochemischen Kulturen sich selbst erneuerten. Es waren pseudolebende Organismen und Gewebe. Niemand, der auf der Erde lebte, hätte Pseudoleben aus chemischen Basisstoffen herstellen können, aber viele Menschen konnten sie mit Hilfe solcher Stoffe wie den Enzymen der Evolutionspflanze noch manipulieren.

Aufgrund ihres beschränkten Wissensschatzes konnten nicht einmal die Erwachsenen alle Gedankengänge Bones' nachvollziehen. Auch die Übersetzung von Bones' Erklärungen durch Earrin waren unklar. Der Beobachter hatte keine Ahnung von dem Unterschied zwischen »er« und »sie«, wie Earrin schon begriffen hatte. Was die augenblickliche Verständigung so komplizierte, war die Tatsache, daß der Beobachter außerdem den Unterschied zwischen »ich« und »wir« nicht verstand, und nur die lange Zusammenarbeit mit der Familie Fyn hatte es ihm ermöglicht, das »du« zu begreifen. Earrins Übersetzung war deshalb mehr eine Paraphrase als eine direkte Nacherzählung.

Klar war, daß Bones lange nach dem Wandel auf die Erde gekommen war und demnach nichts damit zu tun hatte. Er/sie war/waren in eingefrorenem Zustand gereist, in einem Körper, den ein Astronom früherer Zeiten ohne Zögern als Kern eines Kometen bezeichnet hätte. Diese brachten auf ihrer unendlich langsamen Reise eine ungeheure Anzahl von Mitgliedern seiner Rasse quer durch die Galaxis, um ihren größten psychologischen Antrieb zu befriedigen: das Verlangen nach Wissen.

Automatische Kontrollinstrumente brachten den Kometen in eine möglichst enge Umlaufbahn, und weckten die Besatzung, wenn – und nur dann – die Beobachtungsinstrumente eine Atmosphähre als vorwiegend stickstoffhaltig identifiziert, mit ausreichend hohem Gehalt an Spurenelementen, die aus Oxidationen des Stickstoffs hervorgegangen waren, um das Gedeihen von Stickstoffleben zu gewährleisten. Bones' Fahrzeug war der Komet, der nun sechzig Grad hinter dem Mond im selben Orbit kreiste; sein/ihr Landungsschiff war auf dem Grunde des Ozeans niedergegangen, einige tausend Kilometer vom Bostoner Gebiet entfernt.

Daß all das wie eine persönliche Erinnerung erzählt wurde, verwirrte Fyn, und in seiner Übersetzung verschwieg er es. Deshalb fiel es den anderen Zuhörern auch kaum auf. Auf jeden Fall gab es keinen Zweifel, daß Bones kategorisch abstritt, daß seine Rasse auch nur das geringste mit dem Wandel der irdischen Luft zu tun hatte.

Zhamia, die sich die Zeiträume und Entfernungen, von denen Bones sprach, von allem noch am ehesten vorstellen konnte, war immer noch etwas mißtrauisch. Sie fand es einfach zu wenig glaubhaft, daß ein reiner Zufall Bones' Kometen nur wenige Jahre oder vielleicht Jahrzehnte, nachdem sich der Wandel vollzogen hatte, in das solare System geführt hatte. Das sagte sie Earrin, der gab es an Bones weiter.

Bones machte ihr klar, daß kein Zufall im Spiel gewesen wäre. Zweifellos hatten schon unzählige Kometen das Sonnensystem durchquert; solange die Bedingungen auf der Erde ihren Anforderungen nicht entsprochen hätten, wären sie einfach in einen sonnennahen Orbit gegangen und hätten gewartet, während das Eis um sie herum bei jeder Umkreisung ein wenig mehr aufgetaut wäre, bis sie schließlich verdampften. Die Besatzung war dann gestorben, ohne auch nur einmal richtig aktiv geworden zu sein. Wenn dagegen eine Besatzung geweckt wurde, verließen die anderen Kometen, wenn sie noch genügend Masse hatten, automatisch das System auf der Suche nach weiteren bewohnbaren Planeten.

Earrin verstand nicht, wie die Besatzungen sich in ein solches Schicksal ergeben konnten, und sagte das auch. Es war der Versuch Bones', ihm zu erklären, warum es ihnen nichts ausmachte, der dem Mann die Erkenntnis einbrachte, daß nicht »sein« Bones vor ihm stand. Sie hatten erst Verständigungsprobleme; der Beobachter begriff das Konzept des individuellen Todes nicht, und Fyns Frage war ihm daher ganz und gar unverständlich. Seine Antwort brachte den Nomaden zuerst auf die Idee, daß Bones unsterblich sei. In gewisser Hinsicht, nämlich was seine Persönlichkeit betraf, entsprach das den Tatsachen; aber so wie Fyn sich die Details vorstellte, war es natürlich vollkommen falsch. Die »Einheiten« konnten sterben, und gelegentlich taten sie das auch.

Genda hatte zugehört, wenn sie auch nicht mehr mitbekommen hatte als die Aussage, daß die Beobachter nach der Veränderung der Luft auf der Erde angekommen waren. Das unterstützte ihre orthodoxen Ansichten, und aus ihrer Befriedigung machte sie keinen Hehl.

»Das wird diese Verbrecher lehren, arme Tiere für alles mögliche verantwortlich zu machen! Gehen wir doch gleich hinüber nach Hemenway, damit sie es erfahren!« Sie lächelte sogar. Die anderen drei Erwachsenen blickten sich schweigend gegenseitig an; zwei oder drei der Kinder kicherten, bis Zhamia ihnen warnende Blicke zuwarf. Die Lehrerin sprach sanft und vorsichtig.

»Wie willst du sie denn davon überzeugen, Gen?« fragte sie. Wir haben ja keine Beweise, nur Bones' Geschichte. Hättest du ihm denn geglaubt, wenn er erzählt hätte, daß seine Leute die Veränderung herbeigeführt haben?«

»Aber das hat er ja nicht!« Die Implikationen in Zhamias Fragen überstiegen einfach den Horizont der Frau. »Er hat uns die Wahrheit gesagt, soweit er sie kennt. Es war Sünde, die die Veränderung herbeigeführt hat – und du weißt, welche Art von Sünde. Nichts anderes hätte die Welt so schrecklich verändern können.«

Earrin übersetzte das für Bones, nicht weil er Gendas Meinung für besonders wichtig hielt, sondern weil er annahm, daß jede Information, die zu einem besseren Verständnis des Verhaltens der Hillers führen mochte, für den Beobachter nicht weniger wichtig war als für ihn selbst. Die Antwort überraschte ihn gewaltig, und selbst Genda war einige Sekunden lang still, nachdem er sie übersetzt hatte.

»Es mag eine Aktion eurer Rasse gewesen sein, die die Veränderung herbeigeführt hat; ich versuche immer noch, das herauszufinden. Und ich muß herausfinden, warum es immer wieder geschieht – auf jeder Welt, die ich gesehen habe.«

XV

DEBATTE: GEZIELT

»Auf jeder?« Mort griff die Frage sofort auf. »Wie viele Welten gibt es denn? Und hast du sie wirklich alle besucht?« Die Idee, daß Bones möglicherweise unsterblich war, dämmerte nun auch dem Lehrer. Er blickte Earrin, der die Antwort übersetzte, erregt an.

»Ich habe sie mit Sicherheit noch nicht alle besucht; wie viele es geben mag, ist eine Information, die ich noch nicht erlangen konnte. Gelandet bin ich nur auf denen, die entsprechende Lebensbedingungen aufwiesen, und wohl auch nur auf einem kleinen Teil von diesen. Direkt kann ich mich nur an sechzehn erinnern, aber viele Einheiten . . .« – es gab eine Pause, als selbst Bones erst einmal nach einem sinnvollen Zeichen suchen mußte – »nahmen sozusagen Seitenwege. Ohne Zweifel haben einige, vielleicht viele von ihnen, ebenfalls bewohnbare Welten gefunden, aber die Einheiten sind nicht in meiner Erinnerung enthalten. Das Wissen wird zudem im Lauf der Zeit verschwommen, aber ich bin mir sicher, was die sechzehn angeht, die ich erwähnt habe. Auf jeder einzelnen davon gab es eine ganze Reihe von Hinweisen in der chemischen Beschaffenheit, die darauf hindeuteten, daß einige Zeit zuvor – was immer lange zurückzuliegen schien bis jetzt – die Welt eine sauerstoffreiche Atmosphäre besessen haben muß. Ich habe versucht herauszufinden, warum sich diese Veränderung vollzogen hat, und war erfreut, eine Welt zu finden, auf der der Wandel noch nicht lange zurückliegt. Vielleicht werde ich es hier herausfinden. Vielleicht hat deine Begleiterin recht.«

Genda fühlte sich zu sehr geschmeichelt, um dem Beobachter das »vielleicht« übelzunehmen.

»Hast du auf diesen Welten jemals dort lebende sauersoffatmende Wesen angetroffen?« fragte Zhamia.

»Nein, das ist das erste Mal. Deshalb hoffe ich auch, das Rätsel lösen zu können. Vielleicht haben einige von euren Leuten Wissen bewahren können – ich habe niemals zuvor etwas indirekt, von anderen Lebewesen, erfahren können. Diese Art von Kommunikation ist schon für sich ein faszinierendes Gebiet, in dem es viel zu lernen gibt. Wenn es nicht so wäre, hätte ich früher versucht zu fliehen. Ich habe nur wenig in den Monaten als Gefangener in Erfahrung bringen können, aber es bestand immer die Hoffnung.«

Diese Aussage lenkte Earrin natürlich von seiner Arbeit als Übersetzer ab.

»Monate? Aber du warst doch nicht länger als einen Tag oder so in ihrer Hand!« Die wahren Begebenheiten waren langsam in Earrins Geist eingesickert, hatten sein Bewußtsein aber noch nicht erreicht. Bones' vorhergehende Geschichte hatte die Überlegungen in Gang gebracht; aber erst seine letzte Aussage ließ Earrin verstehen, was wirklich passiert war.

»Nein. Ich hatte keine Möglichkeit, die Zeit exakt zu beurteilen, bevor die andere Einheit auftauchte; aber diese wußte, wie oft der Mond an eurem Himmel erschienen ist. Die Einheit hier war acht Mondumläufe in der Zelle und weitere fünf Tage.«

Earrin hatte verstanden, aber sein Verstand weigerte sich hartnäckig, die Tatsachen zu akzeptieren.

»Es ist unmöglich! Vor weniger als zwei Tagen haben wir noch gemeinsam das Floß in die Häfen von Boston gezogen!«

»Das ist richtig. Was ist daran so unmöglich?«

»Du kannst doch nicht zur gleichen Zeit an zwei verschiedenen Orten sein und verschiedene Dinge tun!«

»Ich habe den Eindruck, daß wir Schwierigkeiten mit der Verständigungsmethode haben. Du mußt daran denken, daß die beiden Einheiten lange genug zusammen waren, als sie gefangen wurden, um ihre Erinnerungen auszutauschen.«

»Ich verstehe nicht.«

»Wir auch nicht«, warf Mort ein. »Kannst du uns nicht sagen, was vor sich geht, Fyn? Du hast nicht weiter übersetzt.«

»Ich kann nicht. Ich bin selbst zu durcheinander. Wartet, bis es etwas klarer wird.« Der Nomade hatte weiterhin auf die Gesten geachtet, die Bones formulierte.

»Wir haben die wahre Sprache benutzen können.« Der Beobachter versuchte, sich etwas umständlicher auszudrücken, obwohl die Zeichensprache dafür kaum die Möglichkeit bot. »Du weißt – zumindest dachte ich –, was du und Kahvi manchmal . . . aber vielleicht habe ich das falsch verstanden. Sag mir, ist eure Lautsprache, eure einzige Art, Informationen, Erinnerungen, Wissen von einem Wesen eurer Art zu einem anderen zu übertragen?«

»Es gibt noch Lesen und Schreiben.«

»Aber das ist doch noch weniger direkte Verständigung als euer Lautsystem. Gibt es nichts Direkteres?«

»Nein.«

Der Beobachter stand ohne eine Bewegung da, von seinen Augen abgesehen, die volle zwei, drei Minuten von einem der Menschen zu den anderen blickten.

Earrin war nicht weniger verblüfft. Er hatte die volle Tragweite des Problems nun auch erkannt. Die wahre Situation, in der die Eingeborenen waren, war ihm jetzt aufgegangen – er und Kahvi würden von ihnen immer im Plural denken und sie als Eingeborene ansehen, da sie ungeschützt auf der Erde leben konnten. Er hatte sich geirrt, was seine Annahme über die »Experimente« anging, und der kleine Bones, der ihn gerade ansah, war nicht der Bones, den Kahvi und er seit Jahren kannten. Zumindest nicht im wörtlichen Sinne.

Schließlich brachte er die Lehrer und die Kinder auf den neuesten Stand. Sie waren fasziniert. Genda hörte zu, war aber unzufrieden; sie hatte mit irgendeiner Bestätigung gerechnet, oder daß wenigstens aus der Geschichte hervorging, daß die Wissenschaft die Erde um ihre Atmosphäre gebracht hatte. Daß der Beobachter einräumte, daß es zwar so sein könnte, er sich jedoch nicht sicher darüber war, irritierte sie ebenso wie Earrins Weigerung, sich in der Angelegenheit auf ihr Wort zu verlassen; denn schließlich wußte sie es ja. Earrin und die Lehrer waren über Gendas Reaktion verärgert, doch Bones zeigte sich fasziniert. Psychologie war ebenfalls ein völlig neues Gebiet für einen Geist, der nicht nur niemals zuvor eine andere intelligente Art getroffen hatte, sondern zudem auch niemals ein unterschiedliches Bewußtsein innerhalb seiner eigenen Rasse. Diese Gruppe von Individuen, von jedem anderen Wesen abgeschnitten bis auf eine primitive und zeitraubende Lautkommunikation, war eine unglaubliche Entdeckung, ein vollkommen neues Gebiet der Forschung, ja, eine ganze Reihe von solchen Gebieten. Es war offensichtlich, daß das bruchstückhafte und verzerrte Bild des Universums, das von Worten wiedergegeben wurde, auf absolut nicht vorhersehbare Weise Druck auf das Bewußtsein ausüben mußte; die Symbole ihrer Sprache selbst würden wahrscheinlich den Platz der Realität einnehmen, die sich doch vermitteln sollten. Genda war das faszinierendste Beispiel dafür.

Erst viel später würde es Bones dämmern, daß die sensorischen Eindrücke, die er erhielt, nicht weniger kodierte und verzerrte Darstellungen der Realität als die menschliche Sprache waren. Und auch die Moleküle, die diese Eindrücke aufnahmen und von Einheit zu Einheit transportierten. Der Beobachter war ein guter Wissenschaftler, aber noch kein Philosoph.

Genda wurde schließlich dazu überredet, sich mit der Konzession des Beobachters, daß sie recht haben könnte, zumindest für den Augenblick zu begnügen; das war eines der Dinge, die ein Wissenschaftler einfach nicht Wissen nennen konnte. Alle menschlichen Zuhörer – außer Genda – verstanden diesen Standpunkt ohne Schwierigkeiten. Ausdrücke wie UFO oder DAS ERBE DER GÖTTER hatten nicht überlebt. Der gesunde Menschenverstand hingegen hatte sich nicht gewandelt, obwohl die Lehrer empört gewesen wären, wenn jemand ihr Verhalten wissenschaftlich genannt hätte. Sie waren auf ihre Weise nicht weniger religiös als Genda, nur nicht derart bigott.

Nachdem die Natur von Bones' kollektivem Geist jetzt einigermaßen geklärt war, mußte die Frage, was dem »anderen« Bones passiert sein mochte, ins Auge gefaßt werden. Was geschehen war, bis die beiden Einheiten ihre Erinnerungen durch die Gitter hindurch geteilt hatten, schien klar genug. Die kleinere Einheit hatte es geschafft, jeglicher Beobachtung zu entgehen, indem sie bei der ersten Gelegenheit nach ihrer Trennung einige Stockwerke herabgestiegen war. Es war reine Glückssache gewesen, da unbekannt gewesen war, wie die Bevölkerung der Stadt verteilt war. Nach Stunden zielloser Wanderung hatte er sich entschlossen, etwas Eßbares zu suchen, und war dabei von derselben Logik wie Earring ausgegangen. Und vorher hatte er den Nomaden gefunden. Wo der echte Bones sein mochte, konnte nur geraten werden; die Lehrer hatten nicht einmal von einem Beobachter gehört, der durch die Gänge der Stadt wanderte, geschweige denn von zwei. Die wahrscheinlichste Lösung schien zu sein, daß Bones sich immer noch im Gebiet von Hemenway aufhielt, frei oder auch nicht.

Earrin begann sich noch über etwas anderes Sorgen zu machen. Da er keinen Grund hatte, seine Familie woanders als auf dem heimatlichen Floß zu vermuten, war ihm klar, daß er sobald wie möglich dorthin zurückkehren mußte. Anderenfalls würde seine Frau ihrerseits handeln. Er wußte nicht, was sie tun würde, und prinzipiell hielt er sie auch für umsichtiger als sich selbst, aber er wollte nicht zurückkehren, ohne sie auf dem Floß anzutreffen. Es mochte zwar möglich sein, herauszufinden, was sie wohl tun würde, und sogar, was sie erwartete, was er tun würde – schließlich waren sie seit einer ganzen Reihe von Jahren zusammen –, aber Earrin hätte sich bedeutend besser und wenig unentschlossen gefühlt, wenn er es schaffen würde, nach Hause zurückzukehren, bevor sie dem Drang, irgend etwas zu tun, nachgegeben hätte.

Der Nomade war deshalb eher amüsiert als verärgert, als Genda noch einmal begann, ihre verschiedenen Einwände gegen Eindringlinge, die die Luft der Stadt verbrauchten, aufzuzählen. Er sagte nichts mehr von der Luft, die man ihm schuldete.

Die Lehrer reagierten allerdings anders, und selbst die Kinder schauten entrüstet.

»Genda!« rief Zhamia aus. »Du kannst doch von diesen Leuten nicht verlangen, daß sie gehen. Es ist unsere erste Chance, etwas zu erfahren . . .«

»Wir brauchen nichts mehr zu erfahren!«

Selbst Earrin erkannte, daß die alte Frau stur war, aber Mort versuchte, ihre Meinung zu ändern.

»Vielleicht hast du recht, Gen«, sagte er leise, »aber willst du auch nicht lehren? Ich habe gehört, wie du dich über die Leute erregt hast, die nicht deine Festigkeit im Glauben besitzen – nicht nur solche wie die Jungen in Hemenway und ihre Blasphemien, sondern Leute wie Zhamia und ich, die nicht bereit sind, alles wörtlich zu nehmen, was überliefert ist. Du weißt, daß die Leute es leid sind, den alten Worten zu lauschen, aber vielleicht können Bones und Earrin uns neue bringen, die helfen können, sie zu überzeugen.«

Ein objektiverer Geist als Gendas hätte die Schwächen dieser Argumente erkannt, die offensichtliche Möglichkeit, daß neues Wissen ebensogut die Überlieferungen unterminieren wie untermauern konnte. Da sie sich aber nicht vorstellen konnte, unrecht zu haben, ging ihr dieses Risiko auch erst gar nicht auf. Earrin war versucht, sie darauf hinzuweisen, so daß sie nicht damit einverstanden gewesen wäre, daß die Fremden bleiben durften. Dann erinnerte er sich daran, daß er sowieso keinen Grund zum Bleiben hatte, also schwieg er.

Natürlich wollten Zhamia und Mort mehr Informationen von ihm und Bones, und vielleicht war es besser zu bleiben, um es zu versuchen; die Chance, wirklich gute Beziehungen mit den Hillers aufzubauen, war zu günstig, um sie ungenutzt zu lassen. Selbst Earrin, der seit vierzehn Jahren als Nomade lebte und absolutes Vertrauen in seine Fähigkeit besaß, mit allen Überlebensproblemen fertig zu werden, hätte mehr Sicherheit für sich und vor allem für seine Familie vorgezogen. Kahvis erstes Baby hatte ebenso wie ihre letzten beiden nur wenige Wochen gelebt; Fyn war bereit, nahezu alles zu tun, um die Chancen für das nächste zu vergrößern.

Er hörte Genda nicht zu, als sie dem Lehrer antwortete; er war zu tief in seine eigenen Gedanken versunken. Er mußte so bald wie möglich zum Floß zurück. Er mußte gleichzeitig in freundschaftlichem Kontakt mit Mort und Zhamia bleiben. Er mußte Bones – das Orginal – aus den Händen der Clique von Hemenway befreien, sofern Bones das Problem nicht schon aus eigener Kraft gelöst hatte. Er brauchte eine Weile, um zu entscheiden, welches Problem das vordringlichste war und wie er die Situation auflösen konnte. Er tat es auf typische Weise, wie Kahvi mit einem Lächeln gesagt und Earrin ohne weiteres zugegeben hätte. Genauso typisch war, daß er in dem Augenblick, in dem er einen Plan aufgestellt hatte, daranging, diesen zu verwirklichen, ohne noch einmal darüber nachzudenken. Das war noch bei einem erwachsenen Nomaden zumindest entschuldbar; sie mußten die richtigen Antworten direkt präsentieren können. Wenn Probleme auftauchten, war nur sehr selten Zeit genug, um sie zu lösen.

»Sind die Leute, die du so wenig magst – die in Hemenway – Sauerstoffverschwender, Genda?« fragte er. »Das Gefängnis, in dem ich ankam und in dem mehrere von ihnen waren, enthielt reinen Sauerstoff. Ich traf nur einen von ihnen dort, aber mir wurde von den anderen bestätigt, daß er Mitglied ihrer Gruppe sei.«

»Ich wußte nicht, daß es schon so schlimm ist«, meinte die Standhafte«, aber es verwundert mich gar nicht mehr.« Die Reaktion der Lehrer war etwas konstruktiver, und Earrin gratulierte sich im stillen.

»Mort! Wir können ein Rettungsdepot nicht in diesem Zustand belassen! Und die jungen Leute sind verantwortlich für die Kontrolle der Depots! Wenn nun viele von ihnen – oder gar alle –, wir brauchen sofort Stickstoffkulturen. Earrin kann . . .«

»Earrin kann«, unterbrach sie Mort, »aber wir werden ihn nicht darum bitten. Erstens muß er sich um sein eigenes Heim kümmern. Zweitens, wenn diese jungen Leute alle Verschwender sind, brauchen wir in jedem Fall viel mehr Helfer, um die Pflanzen auch gegen ihren Willen infizieren zu können. Wenn Earrin uns gegen eine angemessene Bezahlung dabei hilft, ist es etwas anderes; aber es ist unsere Angelegenheit.«

Eines der Kinder unterbrach ihn. Die Kinder hatten bisher mit einer Aufmerksamkeit und Lautlosigkeit zugehört, die in früheren Zeitaltern verblüfft hätten, aber von den anwesenden Erwachsenen als selbstverständlich angesehen wurde. Selbst in den Städten arbeiteten die Menschen so oft Hand in Hand mit dem Tod, daß Disziplin als absolute Notwendigkeit jedem Kind als erstes eingeschärft wurde. Das war auch der Hauptgrund, warum Mort und Zhamia so von der Tatsache überrascht wurden, daß die Jugendlichen von Hemenway nicht nur Häretiker, sondern auch noch Verschwender waren.

»Ihr habt von praktischen Stunden erzählt«, sagte das Kind, »und das seit einer ganzen Weile schon. Ist das nicht nun die richtige Zeit dafür?« Die Lehrer sahen sich überrascht an.

»Das wäre es mit Sicherheit«, gab Zhamia zu, »aber wir können nur Betty mit nach draußen nehmen. Wir müssen erst die Eltern von euch anderen holen. Außerdem können wir diese Räume hier nicht unbeaufsichtigt lassen. Wir teilen uns willkürlich in zwei gleichstarke Gruppen auf, und die erste kann mit nach draußen gehen, wenn sie vorher ihre Eltern holen. Wir treffen uns am Nordeingang zwei. Der Rest von euch muß hier seine Pflicht erfüllen. Mort, hast du das Goldstück?«

»Sicher.« Der Mann zog eine alte Münze aus der Tasche. »Fertig.« Er drehte den anderen seinen Rücken zu. »Kopf geht, Zahl bleibt hier. Los.« Zhamia berührte eines der Kinder.

»Wirf«, sagte sie leise.

Die Zeremonie dauerte nur ein paar Minuten. Sieben Kinder wurden ausgelost, die gehen sollten, bevor alle drangekommen waren, aber es gab keine Proteste; sie waren an diese Methode gewöhnt.

»Ich komme auch mit«, sagte Genda plötzlich. Die anderen nickten lediglich; ganz egal wie ihre Sympathien für sie waren, sie hatte das Recht, mitzukommen.

Es dauerte noch zwei Stunden, bis die ganze Gruppe draußen war. Die meiste Zeit verbrachte sie in einem Raum mit einer großen Karte der Gegend um die Blue Hills, die Earrin und Bones sich so gut wie möglich einzuprägen versuchten, während die einzelnen Gefängnisse den Familien zugeordnet und Treffpunkte zu bestimmten Zeiten ausgemacht wurden.

Als sie durch die Schleuse gegangen waren, verstreuten sich die Familien in verschiedene Richtungen, um zu den bezeichneten Gefängnissen zu gehen. Alle trugen Behälter mit Sporen oder Pseudopflanzen. Die Lehrer, ihre zehn Jahre alte Betty, Earrin, Genda und Bones gingen in nördlicher Richtung zu dem drei Kilometer weit entfernten Floß. Es war ziemlich später Nachmittag, aber sie hofften, vor Einbruch der Dunkelheit dort zu sein. Genda sprach nicht, ließ aber ihre Blicke über alles wandern, an dem sie vorbeikamen. Das Kind stellte unaufhörlich Fragen, die gewöhnlich von seinen Eltern beantwortet wurden. Der Nomade schwieg die meiste Zeit, außer wenn er Antworten oder Hinweise gab; er erfuhr genug, auch ohne sich zu unterhalten.

Genda blieb plötzlich stehen und wies auf eine Pflanze. »Seht euch das an!« schnappte sie. »Diese Burschen haben auch neue Pflanzen gezüchtet.«

Earrin war überrascht und amüsiert. »Das ist nur ein Newellblock«, sagte er. »Die gibt es seit Jahren hier in der Gegend. Eure Leute züchten fortwährend neue Variationen; was soll denn daran falsch sein? Ich habe viele neuartige Nahrungs- und Sauerstoffpflanzen im Lauf der Zeit bei euch Hillers gekauft.«

»Von natürlichen Veränderungen Gebrauch zu machen, ist eine Sache. Aber etwas völlig Neues zu erschaffen, erzeugt das Böse.«

»Aber was ist denn neues daran? Es wächst seit Jahren – lange bevor ich geboren wurde, schon – in der Umgebung einiger Städte. Mein Floß ist daraus hergestellt worden. Vor drei oder vier Jahren habe ich ein Stück davon an eure Leute verkauft, für eine ganz brauchbare Milchpflanze. Ich weiß nicht, warum dieses hier wächst; es mag mit Absicht gepflanzt worden sein, oder jemand hat hier ein Stück verloren. Es steht mit Sicherheit seit mehreren Jahren hier. Es ist groß genug, um ein weiteres Floß daraus zu machen.«

»Du meinst, es ist natürlich?« Genda war nicht überzeugt.

»Ich weiß es nicht, aber ich bezweifle es. Es scheint keine natürlichen Feinde zu haben, und wenn es etwa vier Kubikmeter groß ist, stellt es sein Wachstum fast vollständig ein. Pseudoleben wird auf diese Weise vorausgeplant, damit das Risiko einer unkontrollierten Ausbreitung möglichst klein bleibt. Du warst noch nicht oft im Freien, nicht wahr? Ich weiß, daß es hier noch ein paar Stellen gibt, an denen das Zeug wächst.«

»Ich habe noch keines gesehen«, war die eher ausweichende Antwort. Zhamia und ihre Tochter sahen sich an und konnten kaum ein Lächeln unterdrücken.

Sie waren nun am Südhang des letzten Hügels, der ihnen die Aussicht auf das Floß versperrte, und als sie ihn erklommen hatten, war Earrin erleichtert, als er sah, daß sein Heim noch da war. Er war weniger glücklich, als er ein Dutzend Leute sah, die an der Stelle herumliefen, wo sie die Fracht zurückgelassen hatten. Direkt dahinter an der Küste war etwas, das vorher nicht nicht vorhanden gewesen war. Es war eine Art Dom, mindestens zehn Meter durchmessend und halb so hoch.

Earrin hatte natürlich noch nie ein Iglu gesehen, so daß ihm die Ähnlichkeit entging. Er war noch nicht nah genug dran, um die Glasscheiben in der schwammigen Masse des Newellgewebes zu erkennen, aber zwei oder drei der Fenster saßen so, daß sie das Sonnenlicht direkt auf die Ankömmlinge reflektierten, so daß man ihre Natur erraten konnte.

Es gab keine Möglichkeit, von hier aus festzustellen, ob es sich um Arbeiter aus Hemenway handelte, aber es schien wahrscheinlich. Fyn dachte einen Moment nach, dann drehte er sich zu Bones um.

»Geh ins Wasser, bevor diese Leute dich sehen, und warte auf dem Floß. Wenn Kahvi und Danna dort sind, erzähle ihnen, was passiert ist. Das sind wahrscheinlich dieselben Leute, die dich auch gefangennahmen, weil sie unbedingt wissen wollten, auf welche Art man dich am besten töten kann.«

»Das sind sie. Ich habe einige von ihnen erkannt«, erklärten die Tentakel des Beobachters. Die schlanke Gestalt lief zurück, um von der südöstlichen Seite des Hügels aus ins Wasser zu springen. Die anderen gingen weiter auf das Depot zu.

Sie wurden erst bemerkt, als sie schon fast am Gebäude angelangt waren; dann blickte einer der maskierten Arbeiter auf, und rief sofort die anderen zusammen. Wie vorher abgesprochen, gingen Zhamia und Genda sofort durch die Luftschleuse, während Mort, Earrin und Betty weiter auf das neue Gebäude zugingen. Es war ausgemacht, daß bei dem geringsten Zeichen von Gewalttätigkeiten die Frauen und das Kind so schnell wie möglich zurück zur Stadt laufen sollten, während die Männer alles tun würden, was in ihren Kräften stand, um eine Verfolgung zu verhindern. Keiner der Männer glaubte, daß so etwas wirklich passieren würde, aber inzwischen hatte Bones ihnen von den Glasdisteln erzählt.

Earrin hätte es vorgezogen, sich erst mit Kahvi anzusprechen, bevor er mit dieser Gruppe redete, aber es schien unklug, jetzt auf das Floß gelangen zu wollen. Vielleicht würde sie ihn auch sehen und an die Küste kommen, um ihm zu helfen.

Vielleicht aber auch nicht. Hinter den näher kommenden Hillers, die jetzt nahe genug gekommen waren, um ihre Gesichter erkennen zu können, tauchte plötzlich, ein Stück entfernt im Wasser Bones auf und stellte sich aufrecht. Er war nahe genug, um selbst von Earrin klar gesehen zu werden. Es gab nur einen verständlichen Grund, warum das Wesen nicht wie gefordert beim Floß geblieben war, und die Botschaft, die die winkenden Tentakel formulierten, bestätigte Earrins Befürchtungen.

»Auf dem Floß ist kein Mensch.«

Der Eingeborene verschwand einen Augenblick später wieder.

XVI

AKTION: ENTGEGENWIRKEND

Weder Bones noch Kahvi hatten Pläne für einen derartigen Vorfall gemacht, aber sie handelten, als hätten sie sich abgesprochen. Die Frau lief einfach weiter, ohne langsamer zu werden, und rannte mit voller Wucht in den Mann hinein, der so plötzlich auf dem Weg aufgetaucht war. Der Unglückliche hatte gehört, wie sie nach Bones rief, sie aber nicht rechtzeitig gesehen. Sie traf ihn vollkommen unerwartet, und er fiel kopfüber nach hinten. Noch schlimmer für ihn war, daß Kahvi die Arme vor ihrem Körper über Kreuz hielt und in einer instinktiven Bewegung die Ellbogen hob, um das Kind zu schützen.

Sie brach ihm zwar nicht die Rippen, aber bis er sich dessen sicher war, vergingen einige Tage.

In diesem Augenblick beschäftigte ihn mehr die Tatsache, daß er, flach auf dem Rücken, auf der glasübersäten Fläche gelandet war. Sein Heulen warnte die Frau, und da der Zusammenstoß sie sowieso gestoppt hatte, konnte sie ihre Füße noch aus den künstlichen Disteln heraushalten.

Bones, der genau wußte, wo sich überall Glas befand, nutzte

die Situation noch besser; der Körper des Mannes, sosehr er sich auch krümmte, stellte eine brauchbare Brücke dar. Es war zu dunkel, um Kahvi Zeichen zu geben, aber sie brauchten sich gar nicht zu verständigen. Die Frau nahm Danna auf den Arm, Bones zog dem Wächter die Sandalen von den Füßen. Sie liefen den Hügel herunter und verschwanden dahinter. Später gestand Kahvi, daß sie am liebsten geblieben wäre, um noch ein paar Hillers in das Glas zu werfen. Sie war jedoch froh, daß sie es nicht getan hatte. Die Schreie hinter ihnen, die immer leiser wurden, gaben ihr nicht das erhoffte Gefühl von Befriedigung. Sie fühlte sich wieder seekrank, aber schaffte es, sich unter Kontrolle zu halten.

Weder sie noch Bones wußten, ob sie verfolgt wurden. Den Stimmen nach zu urteilen, waren einige von ihnen bei dem Wächter geblieben, aber vielleicht folgten ihnen die anderen. Es erschien ihnen unklug zu warten, um es herauszufinden.

Sie machten eine kurze Pause, als Bones Danna übernahm und ihr die Sandalen gab. Kahvi hatte einige Schwierigkeiten, sie anzuziehen, aber bald liefen sie weiter. Kahvi führte die Gruppe um den Hügel herum nach Westen; in den ersten Monaten als Nomadin hatte sie sich meist auf dieser Seite des Great Blue Hills aufgehalten und war ziemlich sicher, daß sie hier ein Sauerstoffdepot finden würde. Ihre und Dannas Vorräte reichten noch für Stunden, da sie sich noch vor kurzem in einem Depot aufgehalten hatten, aber es gab Entscheidungen, die ein Nomade traf, ohne sie erst im einzelnen zu überdenken. Ihr Ziel war das Floß, aber sie wollte sich erst vergewissern, ob sich jemand an ihre Fersen geheftet hatte, bevor sie sich dorthin wandte; und dafür mußten sie erst einmal ein Depot finden.

Sie gingen jetzt langsamer, obwohl Bones die Hauptlast trug. Kahvi achtete zwar nicht auf den Boden, weil die Sandalen ihre Füße vor dem Glas schützten, aber sie war müde und mußte Rücksicht auf das Baby nehmen; außerdem behinderten selbst die besten Sauerstoffmasken größere Anstrengungen.

Schließlich kamen sie zu einem Gefängnis an der nordwestlichen Seite des Blue Hills, das für ihr Vorhaben ausreichte. Kahvi führte sie zu einem kleinen Wäldchen an der dem Berg abgewandten Seite des Depots, in dem sie sich niederließen. In dem hastig gebautem Nest schlief Danna sofort ein, und Kahvi verbrachte eine Weile damit, Informationen mit dem Beobachter auszutauschen. Dabei beobachteten sie die ganze Zeit den Weg, auf dem sie gekommen waren.

Der Mond stand jetzt so hoch, daß sich die Landschaft deutlich abzeichnete. Das fahle Licht, das aus dem Dach des Depots gedrungen war, war nicht mehr zu sehen. Als es heller wurde, erschienen zwei Gestalten auf dem Hügel, von dem das Trio gekommen war. Sie gingen langsam. Kahvi, die noch nie etwas von Spurenlesen gehört hatte, war das rätselhaft; sie folgerte, daß die beiden ihren Geräuschen nachgegangen sein mußten, und fragte sich, warum das so lange gedauert hatte.

Die Verfolger sahen das Depot, als sie die erste Anhöhe erreicht hatten. Einer deutete darauf, und sie beschleunigten ihr Tempo. Der eine wartete ein paar Meter vor der Luftschleuse, während der andere leise um das Gebäude herumging; dann näherten sie sich gemeinsam dem Becken, und einer von ihnen tauchte hinein.

Zu Kahvis Überraschung ertönten fast im selben Augenblick Stimmen im Depot. Sie hatte überhaupt nicht daran gedacht, daß vielleicht schon jemand darin sein könnte. Dem zweiten Hiller schien auch einen Moment der Atem zu stocken, aber nachdem er einige Sekunden zugehört hatte, verschwand er ebenfalls in der Schleuse. Kahvi stieß ein schnelles »warte hier« aus und hoffte, daß Bones sie verstanden hatte, dann raste sie zum Gefängnis und kletterte in Sekundenschnelle auf das Dach. Es hatte ihr schon einmal geholfen zu lauschen und war auch einen zweiten Versuch wert. Sie schob wieder ihren Goldschmuck am Gelenk hoch.

Im Innern war es heller als draußen. Die beiden, die gerade angekommen waren, waren unschwer zu erkennen, denn sie tropften noch. Die anderen drei schienen eine Familie zu sein; ein Mann und eine Frau in Kahvis Alter und ein Junge von zehn oder elf Jahren. Das war keine Überraschung für sie; ihr war klar, daß in den Städten darauf hingearbeitet wurde, daß der Familienzusammenhalt möglichst eng war. Von den Eltern wurde erwartet, daß sie aktiven Anteil an der Erziehung ihrer Kinder nahmen und bei ihnen waren, wenn etwa wichtige oder gefährliche Ereignisse anstanden. Es war durchaus verständlich, daß die Eltern mit ins Freie gingen, wenn ihr Kind hinaus mußte.

Viel weniger verständlich war, warum der Junge überhaupt draußen war, doch Kahvi dachte darüber nicht nach; es gab einen viel interessanteren Unterschied zwischen den Gruppen. Die Neuankömmlinge hatten ihre Masken abgenommen, aber die Familie, die augenscheinlich schon eine Weile in dem Gefängnis war, hatte ihre aufgesetzt. Es gab eine ganz einfache Erklärung dafür; nur eine Schlußfolgerung, aber eine sehr einleuchtende Schlußfolgerung.

Das Depot war ebenfalls mit reinem Sauerstoff gefüllt. Es mußte eine überraschend große Zahl von Sauerstoffsüchtigen im Great Blue Hill geben; was mochte in der Stadt nur passiert sein, seit Kahvi nomadisiert worden war?

Sie konnte noch ein paar offensichtliche Schlüsse ziehen. Die ganze Familie war normal, und sie wußten, was mit der Luft geschehen war. Die folgende Unterhaltung überraschte sie kaum noch. Einer der Neuankömmlinge sprach gerade.

»Wie habt ihr das mit dem Sauerstoff herausgefunden? Erzählt mir nicht, daß ihr's gerochen habt!« Die maskierten Erwachsenen schüttelten die Köpfe, und der Mann antwortete laut.

»Natürlich nicht; aber seht euch mal die Kulturen an. Jede einzelne von ihnen trägt Bence oder Trendellgewächse, also Sauerstoffproduzenten. Im ganzen Gebäude ist nicht eine Stickstoffpflanze, keine Luftverdünner zu finden.«

»Das habt ihr sofort gemerkt, als ihr hereingekommen seid?«

»Natürlich. Wer ist denn schon so schlampig, daß er nicht einmal in einem fremden Gebäude erst einmal die Pflanzen kontrolliert? Ich freue mich, daß Ray hier es war, der . . .« Der andere schnitt ihm das Wort ab.

»Ihr habt doch nicht so etwas erwartet, oder? Was macht ihr überhaupt so spät in der Nacht hier?«

»Mehr oder weniger haben wir es erwartet«, gab der Vater zögernd zu, »wir haben eine ganze Reihe von Gebäuden kontrolliert. »Wir . . .«

»Das macht es nicht besser. Ihr seid mit der Absicht hergekommen, die Luft zu kontrollieren?«

»Ja.«

»Warum? Und bei wie vielen wart ihr denn?«

»Bei einigen. Es wurde behauptet, daß viele der Depots von Sauerstoffverschwendern sabotiert worden sind, und eine Reihe Familien sind ausgeschickt worden, um Reparaturen durchzuführen.«

Beide Neuankömmlinge versteiften sich, und der eine, der bis jetzt still zugehört hatte, fragte schnell: »Ihr habt Stickstoffkulturen mit?«

»Sicher.«

»Habt ihr die Pflanzen schon infiziert?«

»Das war selbstverständlich das erste, was wir getan haben, als wir hereingekommen sind, aber es wird wohl noch eine Weile dauern, bis die Luft wieder normal ist. Deshalb wollten wir auch über Nacht hier warten.«

Die beiden blickten sich finster an. Der eine schien ein wenig unsicher zu sein; der andere hatte sich besser unter Kontrolle.

»Welche habt ihr behandelt?«

Die Frau antwortete nach einem Moment des Zögerns. »Wir haben es uns nicht gemerkt, es schien keinen großen Unterschied auszumachen, deshalb haben wir nicht weiter darauf geachtet.«

»Du lügst!« stieß der andere hervor. »Ihr seid zu dritt und hättet niemals dem Zufall überlassen, wer gerade was tut. Ihr hättet nicht riskiert, sie alle zu zerstören!«

Der Mann richtete sich empört auf. »Achte darauf, was du sagst, Verschwender. Es gab keine Möglichkeit, daß alle zerstört wurden; unsere Stickstoffsporen wachsen nicht in Bencekulturen. Wir haben wahrscheinlich alle anderen infiziert, wenn du es unbedingt wissen willst. Wir lügen nicht, und wenn du denkst, daß einer von uns sich so erniedrigen würde, nur um hier herauszukommen – du gibst dem Jungen gefährliche Ideen ein, obwohl ich nicht glaube, daß er sich von Menschen eurer Sorte besonders beeindrucken läßt!«

»Halt' die Luft an! Erzähl mir nicht, daß ihr auch nur auf einer einzigen Kultur alle Pflanzen verdorben habt. Selbst wenn ihr dummm genug seid zu glauben, daß eure Masken den zusätzlichen Sauerstoff von euch fernhalten, ihr könnt nicht so stupide sein, auch nur den Verlust einer einzigen Pflanze zu riskieren.« Er lachte, als er den Ausdruck ihrer Gesichter, der selbst durch die Masken sichtbar war, bemerkte. »Tiefsinnige Denker seid ihr, was? Alles, was das Atemventil tut, ist, das Gas aus der Patrone mit der Außenluft zu mischen. Ihr seid wie ein Pärchen Nomaden – immer die Regeln befolgen, ohne einmal nachzudenken!«

»Gut für sie!« gab die Frau zurück. »Zumindest hast du schon einmal von Regeln gehört. Es war ein Nomade, der uns von euren Schweinereien in den Depots berichtet hat. Ich ziehe einen von ihnen vor, bevor man meinen Namen auch nur mit euch Typen in Verbindung bringt. Immer nach dem Prinzip: wenn ein bißchen von etwas gut ist, muß mehr davon besser sein, nicht wahr? Und jetzt geht uns aus dem Weg. Wir verschwinden hier.«

Der größere der beiden Übeltäter zeigte ein unangenehmes Lächeln. »Sicher doch. Zwei von euch können kommen und gehen, wie sie Lust haben. Das Kind bleibt hier. So lange, bis wir wissen, welche Sauerstoffpflanzen ihr Hüter der Gerechtigkeit ruiniert habt.«

»Ihr könnt uns hier nicht festhalten. Wir . . .«

»Was tut ihr? Selbst wenn ihr ihn zwischen euch nehmt, seid ihr drei nicht stark genug, um an uns vorbeizukommen, zumindest nicht, ohne daß eure Masken dabei draufgehen. Denk darüber nach. Hier sind eine ganze Reihe von Patronen, aber nur wenige Masken, und um die können wir uns kümmern, bevor ihr sie in Sicherheit bringen könnt. Es ist doch viel einfacher, etwas kaputtzumachen, als es wieder in Ordnung zu bringen, nicht wahr?« Bevor sich einer der Erwachsenen rühren konnte, hatte er den Jungen mit zwei Schritten erreicht und hielt die Schläuche in der Hand, die von den Patronen zum Ventil liefen. »Soll ich ziehen?«

»Nein!« Die Mutter schrie beinahe.

Einen Moment lang wußte Kahvi, die immer noch zusah, nicht, ob sie sich mehr über die Drohung des Verschwenders oder über die mangelnde Selbstbeherrschung der Mutter empören sollte. Dann stellte sie sich vor, Danna wäre in der Situation und verstand. Es war etwas problematischer als sonst, eine Entscheidung zu treffen, aber als sie es erst einmal getan hatte, zögerte sie nicht mehr.

»Es würde dir nicht gut bekommen!« rief sie und erhob sich auf die Knie. »Morgen werden sie zu mehreren kommen. Ihr Verschwender könnt sie genausogut alle herauslassen und euren Sauerstoff genießen, solange noch genug davon da ist. Wenn die anderen lange genug brauchen, um hierherzukommen, werdet ihr schon von selbst merken, welche Pflanzen infiziert worden sind. Aber laßt den Jungen in Ruhe, sonst kommen wir hinein und sorgen dafür, daß es euch leid tun wird. Bones! Danna! Kommt hier herüber und bewacht die Schleuse!«

Die Menschen im Gefängnis sahen verblüfft zu Kahvis Gestalt hoch, die sich deutlich sichtbar im Mondlicht abzeichnete. Die Verschwender taten überhaupt nichts, sie schienen völlig verschreckt; die Eltern ergriffen ihren Sohn und sprangen in das Wasserbecken. Sie tauchten im selben Moment auf, in dem auch Bones mit Danna ankam, und bei dem Anblick des Beobachters und seiner Last blieben sie ebenso stocksteif stehen wie die beiden Hillers im Gebäude. Kahvi beruhigte sie.

»Macht euch keine Sorgen wegen Bones. Sie arbeitet mit mir, und ihr könnt sehen, daß ich ihr sogar meine Tochter anvertraue. Laßt den Jungen hier draußen, und kommt mit Bones und mir noch mal hinein. Es gibt noch Arbeit da drin.« Sie ging zur Zeichensprache über, teilte Bones mit, was sie geplant hatte, und der Eingeborene legte Danna neben das andere Kind. Kahvi stieg ein wenig linkisch von dem Dach herunter und ging auf die Schleuse zu. Bones folgte ihr augenblicklich, das Paar ein Stück zurück und immer noch zögernd. Als sie nachkamen, war das meiste schon vorbei.

Bones hatte auf ein Zeichen Kahvis die beiden Männer ergriffen und ihnen mit den Tentakeln die Arme an die Seiten gepreßt. Kahvi war damit beschäftigt, Masken und Patronen einzusammeln. Sie bedeutete den anderen, dasselbe zu tun, als sie das Wasser von ihren Maskenfenstern abwischten.

»Wir lassen natürlich ein paar Patronen hier, aber sorgt dafür, daß keine einzige Maske übrigbleibt – nein, eine lassen wir hier«, sagte die Nomadin schroff. »Wenn irgend etwas mit dem Dach passiert, können sie überleben, wenn sie sie teilen, aber sie werden kaum in der Lage sein, noch mehr Unfug anzustellen. Ihr beide« – sie wandte sich den beiden Gefangenen zu – »könnt mit den Kulturen herumspielen, wie ihr wollt, aber ich gebe euch den guten Rat, euch sehr diszipliniert zu benehmen. Wenn ihr noch mehr Sauerstoff verschwendet, seid ihr vielleicht gezwungen, das nächste Gefängnis mit angehaltenem Atem zu erreichen. Soweit ich mich erinnere, sind es etwas mehr als fünfhundert Meter in südwestlicher Richtung, über zwei Hügel. Gebraucht euer Urteilsvermögen, falls eure sauerstoffüberladenen Gehirne so etwas noch besitzen.«

Einer der beiden antwortete. »Sehr freundlich, Nomade. Wir wissen, wie gütig und gerecht ihr alle seid, und natürlich habt ihr jedes Recht, andere Leute dazu zu bringen, nach euren Moralvorstellungen zu handeln. Du mußt dich ja sehr tapfer fühlen, daß du mit einem Invasoren herumläufst. Ich vermute, daß du ihm helfen wirst, die Städte auf dieselbe Art und Weise zu zerstören wie den Rest der Welt – aber das braucht dir ja nichts auszumachen, oder?«

»Ich habe jetzt keine Zeit für alte Mythen«, antwortete Kahvi kurz angebunden. »Wenn ihr das Bedürfnis nach reinem Sauerstoff verspürt, könnt ihr euch ja wenigstens eure eigenen Depots bauen. Diese Gebäude sind da, um Menschenleben zu retten, und ich kann meine Zeit nicht an zwei Verschwender verschwenden. Habt ihr alles zusammen, ihr zwei? Dann los. Bones« – sie nahm ihre Last auf einen Arm und gestikulierte mit dem anderen –, »halte sie fest, bis wir draußen bei den Kindern sind. Dann tu', was du für richtig hältst, um sie davon abzuhalten, uns zu belästigen, und folge uns. Wir gehen zum Floß; Luft haben wir genug.« Sie ging die Stufen der Luftschleuse hinab, dann drehte sie sich um. »Noch eines, wo ich gerade dran denke. Ich habe bemerkt, daß die Leute hier barfuß sind. Wir nehmen also eure Sandalen mit. Ich mag diese verdammten Glassplitter nämlich nicht, die ihr Verschwender erfunden habt.«

Das Wort erschreckte die beiden Gefangenen, die sich noch nicht ganz von ihrer Erziehung gelöst hatten. »Wir haben sie nicht erfunden. Sie tauchten in einer Pseudoleben-Mutation auf, die Fiberglas zur Isolierung erzeugen sollte, also haben wir sie benutzt. Das hätte jeder getan.«

Kahvi, die die Sandalen zu ihrem Bündel hinzufügte, schnaubte hörbar selbst durch die Maske. »Jeder, der nicht von Ethik oder Verantwortungsgefühl belastet ist, ganz richtig. Wenn du weißt, daß ich einige Dutzend dieser Dinge aus meinem Kind herausgezogen habe, wirst du es entschuldigen, daß ich solche Leute nicht als menschliche Wesen ansehen kann. Freies Atmen.«

Sie verschwand im Becken. Bones gab ihr etwa fünf Sekunden Vorsprung, dann stieß er die Gefangenen gegen die Wand und war fort, bevor sie wieder auf den Füßen waren.

Draußen hatte Kahvi Danna und sich vorgestellt und die Namen der Familie kennengelernt. Die Frau war Viah Renuchi, ihr Mann Jonathan Demang und ihr Sohn Ray Vellik. Sie hatten niemals zuvor Nomaden getroffen und auch noch keinen Vertreter von Bones' Rasse gesehen, aber natürlich hatten sie von beiden schon gehört. Sie hatten das typisch städtische Verhalten, die Tendenz, einen Nomaden als weniger achtbare Sorte Mensch zu sehen, nicht ganz abgelegt, aber die Tatsache, daß Kahvi im Gegensatz zu ihnen mit Bones reden konnte, zwang sie, ihre Ansichten über beide zu revidieren. Der Beobachter schien ihnen Angst zu machen.

»Ich muß zurück zum Floß, um herauszufinden, wo Earrin steckt«, erklärte Kahvi, nachdem sie sich miteinander bekannt gemacht hatten. »Er muß in der Stadt gewesen sein. Ihr habt erwähnt, daß euch ein Nomade die Nachricht über die Depots gebracht hat, und wir sind die einzigen hier in der Gegend. Habt ihr ihn nicht gesehen?«

»Ich schätze, das haben wir«, antwortete Jonathan. »Er war bei den Leuten, die den Einsatz geleitet haben, und sie haben ihn mehrmals erwähnt, aber niemals bei seinem Namen genannt. Er war ungefähr so groß wie du, ein wenig leichter gebaut, blaue Augen, ein eher dünnes Gesicht und hatte ein viel kleineres Exemplar dieser Wesen bei sich.«

»Das ist Earrin. Es war noch ein weiterer Eingeborener in der Stadt, und Bones hatte sie oder ihn oder es dort getroffen, aber zu dieser Zeit hatte keins von ihnen Earrin gesehen. Die beiden entkamen später zusammen einigen von euren Sauerstoffverschwendern; Bones wurde wieder eingefangen, aber nach draußen gebracht, wo ich ihn vor einer kleinen Weile dann gefunden habe. Der andere muß Earrin gefunden haben, oder von ihm gefunden worden sein. Wenn sie wirklich bei euren Leuten waren, müssen sie zurück zum Floß gegangen sein, oder zumindest auf dem Weg dorthin sein. Ich muß ebenfalls hin, um ihn und den anderen Eingeborenen zu sehen. Wollt ihr mit mir kommen, oder wollt ihr in die Stadt zurück? Auf dem Floß ist ausreichend Luft für alle, und wir können mehr darüber herausfinden, was mit euren jungen Leuten los ist, daß sie solchen Unsinn machen. Es hat den Anschein, als wollten eine ganze Reihe Leute bei euch wissen, was da vor sich geht. Oder wollt ihr zuerst Ray zurückbringen, bevor ihr etwas anderes plant?«

»Ray ist in Ordnung, solange er in unserer Nähe ist«, gab Viah zurück. »Wir haben noch nie viel im Freien gearbeitet, aber er braucht das Training, und wird wahrscheinlich mehr davon haben, wenn er bei dir bleibt. Außerdem, wir sind Buchhändler, und vielleicht kannst du uns helfen, ein besseres Gewebe zu finden, das wir als Papier verwenden können. Wir haben gehört, daß Nomaden Dinge wie dies verkaufen.«

»Vielleicht«, stimmte Kahvi zu. »Aber jetzt müssen wir los. Auf der Karte sind es nicht mehr als drei Kilometer, ich schätze, daß es etwa vier, fünf Kilometer Fußweg sind. Bei Mondlicht kann man ganz gut laufen. Ich hoffe, daß wir die Sandalen nicht brauchen; wenn wir auf Glas stoßen, müssen wir die Kinder tragen, und ich weiß nicht, was wir dann mit Bones machen. Ihr tragt Sandalen, und ich gehe barfuß voraus, damit die Kinder nicht als erste hineinlaufen.«

Die anderen wußten nichts von den Glasdisteln und waren ziemlich erschreckt über Kahvis Erzählung. Sie hatten flüchtig von den Leuten in Hemenway gehört und hatten keine Ahnung, was da vor sich ging – die Verbreitung von Neuigkeiten war eines der Probleme, die der Wandel aufgeworfen hatte. Trotzdem waren sie bereit, die Reise zur Küste zu riskieren. Kahvi, die hoffte, daß ihre Vermutung richtig war, daß nämlich das Glas nur in bestimmten Gebieten ausgestreut war, übernahm die Führung.

XVII

NACHRICHTEN: DÜSTER

Die Botschaft war zwar keine Überraschung für Earrin, aber sie machte ihn auch nicht im geringsten glücklicher. Er machte sich zwar noch nicht Sorgen um seine Familie, aber es wäre beruhigend gewesen, wenn er gewußt hätte, ob Kahvi aus eigener Initiative verschwunden oder – wie er selbst vierundzwanzig Stunden zuvor – dazu gezwungen worden war. Es schien keine besonders gute Idee zu sein, die sich nähernden Hillers zu fragen, obwohl ihm nicht in den Sinn gekommen wäre, daß sie ihn belügen könnten. Er bemerkte die Sandalen, die sie trugen, aber es bedeutete ihm nichts; er hatte nicht dieselben Erfahrungen wie Kahvi gemacht, und der kleinere Bones hatte in ihren Gesprächen die Glassplitter nicht erwähnt.

Fyn blieb die Entscheidung, was er sagen sollte, erspart; einer der Hillers, die ihn nun erreicht hatten, eröffnete das Gespräch. Der Nomade erkannte ihn nicht, aber offenbar waren sie schon einmal zusammengetroffen.

»Ich bedauere, daß du es abgelehnt hast, bei uns zu bleiben, Fyn. Ich glaube, du hättest verstanden, warum wir dich brauchen, wenn du uns erst einmal zugehört hättest.«

Earrin hob die Augenbrauen, aber die Maske verbarg die Geste. »Ich denke schon, daß ich es verstanden habe«, antwortete er. »Ihr wart nicht sehr erfreut über das Wort, das ich benutzt habe, aber soweit ich mich erinnere, wolltet ihr meine Hilfe, um einen Freund von mir gefangenzunehmen, und zwar, um Experimente mit ihm anzustellen.«

Diesmal reagierten sie nicht so stark auf das wissenschaftliche Wort, aber er hörte einen unfreundlichen Unterton aus der Stimme heraus.

»Wie ich sehe, hast du Genda getroffen, die größte Schwätzerin der Welt. Hat sie deinen Glauben erneuert?«

»Nicht direkt. Einige von uns Nomaden hören den Leuten sehr kritisch zu. Nicht jeder weiß wirklich, wovon er redet, mußt du wissen.«

»Und denen, die es nicht wissen, hört ihr natürlich auch nicht zu.« Der Sarkasmus war nicht zu überhören.

»Wenn jemand bewußt Sauerstoff vergeudet, brauche ich weder Genda noch sonst jemanden, um zu merken, daß sein Urteilsvermögen zu wünschen übrigläßt«, sagte der Nomade leise. »Aber schau, mein Freund, ich bin nicht hergekommen, um zu diskutieren. Wenn ihr mir die Pflanzen gebt, die wir als Bezahlung für das Metall und Glas ausgemacht haben, das ihr ja schon benutzt habt, wie ich sehe, höre ich mir gern alles an, was du sagst, und am liebsten würde ich hören, wenn ihr noch mehr Lieferungen verlangt. Alles andere kannst du mit Genda hier ausmachen, oder mit Mort, oder irgend jemandem in dieser Stadt. Von mir aus könnt ihr alle auf reinen Sauerstoff umsteigen, mich geht das wenig an. Natürlich wäre ich glücklicher, wenn ihr dieses Gefängnis hier in brauchbarem Zustand als Depot belaßt, falls wir euch weiter beliefern. Wir brauchen es zwar nicht unbedingt, aber es ist ein gutes Gefühl, eines in Reichweite zu haben, denn unser nächstes ist mehrere Kilometer weit weg. Wir werden diese Situation akzeptieren, wenn es sein muß, aber ein derartiger Affront gegen unsere Gefühle, was Verschwendung betrifft, könnte euch etwas mehr kosten, wenn ihr neues Metall benötigt.«

»Und wenn wir in Zukunft nicht mehr mit euch handeln wollen?« fragte eine Frau.

»Das werden wir auch überleben. Es gibt noch andere Städte.«

Die Frau zeigte deutlich ihr Interesse. »Ich denke schon, daß wir die alte Luft in einem Gebäude lassen können, vor allem, da wir ein weiteres bald daneben stehen haben werden. Dein Glas war uns eine große Hilfe, und außerdem werden Genda und diese andere Frau sowieso damit beschäftigt sein, die Luft in dem alten Depot zu infizieren. Ich muß zugeben, daß wir dich sehr nützlich finden – mehr als wir uns zu Anfang klarmachten. Du wußtest doch von dem Invasoren, der dir gefolgt ist, nicht wahr?«

»Ja, aber ich nenne ihn nicht einen Invasoren. Er ist ein Freund von mir, und das ist er seit einigen Jahren. Ich bin gern bereit, euch alles über ihn zu erzählen, was ich weiß, aber das wird euch bei eurem Versuch, ihn zu töten, kaum weiterhelfen können. Er sagt, daß er nicht das geringste mit der Veränderung der Atmospähre hier zu tun hat, und ich glaube ihm.«

»Warum ihm eher glauben als uns?« Diese Hillers schienen weder überrascht noch aufgeregt über die Tatsache zu sein, daß ihr »Invasor« intelligent genug zum Sprechen war. Aber schließlich paßte das ja auch in ihr Denken. »Ich weiß, daß ihr Nomaden jedem glaubt, aber siehst du nicht ein, daß, wenn diese Dinger unsere Atmosphäre zerstört haben, sie es leugnen würden?«

»Nein, das tue ich nicht. Der Grund, warum ich Bones eher glaube als euch Verschwendern, ist genau der, was du gerade gesagt hast – ihr glaubt, daß es Gründe gibt, zu lügen. Soweit es mich angeht, sagt mir das alles, was ich von euch wissen muß.«

Der Hiller schwieg. Mort und Zhamia, die mit dem Respekt vor der Wahrheit aufgewachsen waren, die jede einigermaßen große Gesellschaft benötigte, die aber nicht so extrem dachten wie die Nomaden, waren von der Sprachlosigkeit der Verschwender amüsiert. Ihre Tochter war sehr beeindruckt und sah den Nomaden bewundernd an, sagte aber nichts.

Ein anderer aus der sandalenbewehrten Gruppe nahm das Gespräch wieder auf.

»Wir sagten nicht, daß lügen gut ist«, erklärte sie, »aber du kannst uns nicht deshalb verurteilen, weil wir gemerkt haben, daß es Leute – und Dinge – gibt, die nicht immer die Wahrheit sagen. Wir bewundern zwar den Idealismus, den du aufbringst, aber wir selbst haben herausgefunden, daß wir ein wenig Realismus nötiger brauchen.«

»Also glaubt ihr das, von dem ihr entschieden habt, daß es richtig ist, daran zu glauben.« Auch Fyn war sarkastisch.

»Wir wissen nicht, was wir glauben sollen, aber die Idee der Invasoren paßt genau zu dem, was wir an Fakten haben, und erscheint einleuchtend. Wir haben nichts gegen weitere Informationen –«

»Du meinst, daß es eine Hypothese ist und ihr mehr Daten braucht, was ihr bisher nicht zugeben wolltet«, sagte Earrin ziemlich rücksichtslos. Mort und seine Frau waren schockiert; ihre Tochter fühlte den angenehmen Schauder, den ein Kind früherer Zeitalter gespürt hätte, wenn ein Erwachsener einen

Stapel Flüche losgelassen hätte. »Nichts für ungut, Leute«, fügte Earrin hastig hinzu. »Ich weiß, was diese Worte für euch bedeuten, aber diese Leute hier versuchen, wissenschaftlich zu sein, und wenn ihr es sorgfältig betrachtet, werdet ihr erkennen, daß ich dasselbe tun muß, um am Leben zu bleiben. Ich kann sie deshalb nicht verurteilen, außer für dieses Getue, mit dem sie es verschleiern wollen. Die alten Worte mögen euch schockieren, aber einst standen sie für vollkommen normale und einleuchtende Handlungen. Es ist einfach notwendig, pardon, zu experimentieren, um brauchbare Fakten zu bekommen, und wenn wir unser Leben meistern wollen, brauchen wir diese Fakten.«

»Dann stimmst du mit uns überein!« rief eine der Frauen aus.

»Nein. Ich glaube immer noch Bones. Ich glaube nur, daß einige von den Dingen richtig sind, die ihr tut. Mir wurde der Glaube in der Außenseiterschule beigebracht, und es ist wohl verständlich, wenn jemand ausgesetzt wird, weil er das Verbrechen begangen hat, als drittes Kind seiner Eltern geboren zu werden, daß er nicht viel Sympathien für . . .«

»Aber sie brachten dir doch auf der Schule bei, wie man draußen überlebt, oder etwa nicht?«

»Sie brachten mir nur bei, was ich glauben sollte, nicht, was ich tun mußte. Wenn ich nicht das Glück gehabt hätte, ein paar Tage, nachdem ich in Beehive ausgesetzt wurde, einen anderen Nomaden zu treffen, hätte ich vor dreizehn Jahren als ein Haufen Knochensplitter auf den Riffen von Maine geendet. Erzählt mir nichts über die Außenseiterschulen. Meine Frau sagt verdammt genau dasselbe über eure hier im Great Blue. Sie hat nur überlebt, weil sie älter war, als sie ging, und weil es hier eine Reihe von Depots gibt, von denen sie die Lage vorher wußte. Und nun verderbt ihr Idioten dies.«

»Wir reichern die Luft an. Das ist nicht dasselbe, wie sie verderben.«

»Wenn ihr dafür sorgt, daß neue Nomaden drei- oder viermal mehr Sauerstoff brauchen als normale, um logisch denken zu können, dann verderbt ihr sie.«

»Aber wenn die Welt wieder normal ist, sind sie bereit dafür!«

Earrin, der keine Ahnung von der ursprünglichen Zusammensetzung der irdischen Atmosphäre hatte, fiel keine Antwort darauf ein, aber Mort hatte eine.

»Die alte Atmosphäre bestand nicht nur aus Sauerstoff. Wenn ihr elementare Chemie mit elementarer Mathematik verknüpft, werdet ihr feststellen, daß der Anteil nicht mehr als ein Vietel betragen haben kann. Alles, was ihr machen könnt, wenn ihr es versucht, ist, den atmosphärischen Druck in die Höhe zu treiben, was die Sache noch schlimmer macht. Und um reinen Sauerstoff zu erhalten, müßt ihr den gesamten Stickstoff loswerden. Wie wollt ihr das anstellen?«

Zwei der jungen Leute lachten, und die Diskussion wurde zu lärmendem Geschrei, während hitzige Argumente hin und her flogen.

Earrin schwieg dabei; er mochte Mort, aber trotz Bones' Problem war er sich nicht sicher über die Ideen der Hillers. Er war dazu erzogen worden, alle wissenschaftlichen Ausdrücke als unanständige Wörter anzusehen, aber nachdem er ihre wahre Bedeutung nach und nach kennengelernt hatte – größtenteils aus zweiter Hand, durch die Bücher, die Kahvi gelesen hatte –, hatte er festgestellt, daß sie genau die Handlungen wiedergaben, die er ausführen mußte, um am Leben zu bleiben, und von denselben Voraussetzungen ausgingen. Aber das brachte er natürlich nicht in die Verhandlungen ein, die er mit Stadtbewohnern führen mußte.

Es war seine Furcht, daß sie Zeit verschwendeten, die Earrin schließlich dazu brachte, das Geschrei zu beenden. Es wurde immer klarer, daß keine Seite gewillt war, sich von der anderen überzeugen zu lassen.

»Haltet euren Atem an!« rief er endlich laut aus. »Mort, diese Kinder haben Jahre damit zugebracht, sich gegenseitig von der Richtigkeit ihrer Meinung zu überzeugen. Das wirst du ihnen nicht ausreden können. Selbst Bones könnte es ihnen nicht ausreden, obwohl er wahrscheinlich Experimente vorschlagen könnte, die es ihnen beweisen würden. Ihr anderen: Mort ist ein netter, höflicher Hiller, mit einer ganzen Menge gesundem Menschenverstand hinter seinen religiösen Erklärungen, und ihr werdet ihm nicht mit etwas weiterhelfen können, das sowohl gegen den Glauben als auch den gesunden Menschenverstand verstößt. Redet über irgend etwas anderes; diese Diskussion ist Zeitverschwendung, wenn sie ernst gemeint sein soll.«

Keine Partei nahm diese Unterbrechung besonders erfreut auf, da Earrin nicht sonderlich taktvoll gewesen war. Selbst Betty fühlte, daß ihr Vater unfair beschrieben worden war. Die Frau, die vorher gesprochen hatte, war ebenfalls irritiert; dies trieb sie möglicherweise zu einer Taktik, die sie besser als allerletzten Ausweg gelassen hätte.

»Mort, oder wie auch immer sein Name ist, wird uns helfen, ob er will oder nicht. Wir haben Techniken, die schon zuvor bei Eltern funktioniert haben – das hier ist doch sein Kind?«

»Ja«, gab Earrin zu, ohne nachzudenken, wobei sein gewohnheitsmäßiger Wahrheitssinn wieder einmal seinen Verstand überrannte.

»Das dachte ich mir. Wie ist dein Name, junge Dame?«

»Betty – Betty Dent«, antwortete das Kind.

»Betty, wie würde es dir gefallen, die nächsten paar Tage, oder vielleicht Wochen, wirklich gute Luft zu atmen, Luft, in der du dich die ganze Zeit über klug und stark fühlst?«

»Ihr könnt nicht –« Mort begann ärgerlich einen Einwand, und auch Earrin wurde nervös, als er sah, was kommen mußte, und verband die Tatsache mit der Abwesenheit seiner Familie.

»Wir können«, unterbrach ihn die Frau. »Hier sind zu viele von uns. Du kannst uns daran hindern, sie in das Gebäude zu schleppen, das ist klar, aber du kannst uns nicht von ihren Luftschläuchen fernhalten. Man kann sie ganz leicht herausziehen, wußtest du das?«

»Aber – so etwas könnt ihr doch nicht tun!«

Die Frau schüttelte den Kopf. »Sie reagieren alle gleich. Diese Idealisten. Sie denken, daß keiner etwas tun könnte, zu dem sie sich selbst nicht durchringen können. Keine Vorstellungskraft. Wenn die Gründe gewichtig genug sind, kann man sich selbst zu allem überwinden, ganz egal wie unangenehm das sein kann, Mort. Das haben wir herausgefunden.«

»Im Sauerstoffrausch, vermute ich.«

»Ganz richtig. Immer noch nicht besonders orginell. Erst kannst du es nicht glauben, dann wirst du beleidigend. War es

Bettys Mutter, die mit Genda gegangen ist, um unsere Luft zu verderben?«

»Ja.« Mort sah nicht, was es ihm einbringen konnte, wenn er diese Tatsache leugnen würde, wenn seine Hemmung gegenüber einer Lüge auch geringer war als bei Earrin.

»Dann geben wir dir eine kleine Weile, um dich zu entscheiden. Wenn sie zurückkommt, werden wir ihr die Situation erklären. Es wird spaßig sein, wenn Genda euch erklärt, daß die Verpflichtung gegenüber dem Glauben von euch fordert, daß ihr euch uns widersetzt, und Betty in einen – wie war diese nette Beleidigung noch? – Sauerstoffsüchtigen verwandelt wird. Ihr werdet euch gegenseitig versichern, daß euer Kind viel zu sorgfältig erzogen worden ist, um dieser schrecklichen Versuchung zu erliegen, glücklich zu atmen. Du und deine Frau könnt mit Genda diskutieren, wie ihr wollt. Wir werden Betty nicht jetzt gleich mitnehmen; es wird eine Weile dauern, bis das wirklich sinnvoll ist. Die Luft im Depot mag immer noch gut sein, aber ich bin sicher, daß Genda und die andere Überzeugte die Pflanzen dort schon infiziert haben, weshalb wir Betty vielleicht nicht hier bekehren können, und im Labor wäre sie nur im Weg. Unter Umständen demoliert sie sogar einiges, wie es euer Invasor in dem anderen gemacht hat – kritische Kulturen wie ein Tier in der Gegend herumzuwerfen!

»Aber laß uns über die Bedingungen im klaren sein, Mort. Du und deine Familie werden hierbleiben, bis du dich entschieden hast mit uns zusammenzuarbeiten. Wenn du versuchst, zu fliehen, ganz besonders, wenn du in Richtung Stadt willst, dann ist ein ganz bestimmtes Atemgerät in Gefahr. Wir Sauerstoffverschwender werden sicherstellen, daß im Depot kein Sauerstoff verschwendet wird, abgesehen natürlich von zwei Leuten, die hier draußen bleiben werden, um zu beobachten, wie ihr euch benehmt. Ihr könntet es natürlich bis zu Earrins Floß schaffen, wenn dort genug Sauerstoff für euch alle ist. Ihr beiden« – sie deutete auf zwei der größten Männer in ihrer Gruppe – »werdet eine Weile hier draußen bleiben. Bleibt in der Nähe der jungen Dame hier – sie wird nicht auf das Floß gehen – und sorgt dafür, daß keiner von diesen Leuten etwas tut, was mir nicht gefallen würde. Ich schicke jemanden, der euch ablöst, bevor wir alles verbraucht haben, was an guter Luft noch da ist. Ihr anderen kommt mit mir.«

Earrin unterbrach den Abgang der Gruppe.

»Ich denke, das ist ein alter Trick von euch, wie du gesagt hast. Heißt das, daß ihr meine Frau und meine Tochter ebenfalls irgendwo versteckt habt?«

Die Frau drehte sich zu ihm herum, und der Rest der Gruppe hielt an, um ihr zuzuhören. »Nein«, sagte sie ohne zu zögern. »Sie scheinen den ganzen Tag über noch nicht auf dem Floß aufgetaucht zu sein. Wir haben beobachtet und gesehen, daß ihr ein Kind bei euch habt, aber wir haben weder deine Frau noch dein Kind bisher gesehen. Wir haben Arbeitsgruppen auf der ganzen Halbinsel und sogar auf den kleinen Inseln, die Material für das Labor hier sammeln, und niemand hat einen von ihnen gesehen. Wir haben eine Weile lang einen Wächter auf dem Floß gehabt, um ehrlich zu sein« – sie zeigte mit dem Kopf auf einen ihrer Begleiter –, »aber er wurde krank und mußte zurück zur Küste kommen. Wo auch immer deine Frau ist, sie ist aufgrund ihrer eigenen Entscheidung dorthin gegangen, wenn du diesen Monstern trauen kannst, mit denen ihr zusammenarbeitet.«

»Und wenn ich *deinen* Worten trauen kann«, gab Earrin zurück. Die Frau gab ihm darauf keine Antwort, und eine Minute später waren bis auf die beiden Wächter, Mort und Betty alle verschwunden. Vom Gefängnis her kam ein Gewirr von Stimmen, und Genda und Zhamia tauchten auf. Die erste schien auf das höchste empört zu sein, nach dem Ausdruck ihres Gesichtes, den die Maske nur unvollständig verbarg, und ihrer unmißverständlichen Körperhaltung zu urteilen.

Ein paar Worte reichten, um sich gegenseitig mitzuteilen, was passiert war. Die Frauen hatten ungefähr zwei Drittel der Pflanzen infiziert, aber es würde ein oder zwei Tage dauern, bis die neuen Organismen ihre Wirkung entfalteten. Aber das konnte die Hiller auf keinen Fall davon abbringen, ihre Pläne so durchzuführen, wie sie es angekündigt hatten, was Earrin am meisten erboste. Er sprach seine düsteren Gedanken laut aus, und Mort stimmte ihm mürrisch zu.

»Ich weiß nicht, was wir dagegen machen sollten, nicht im

geringsten«, fügte der Lehrer hinzu.

»Was ist mit dem Tier, das sich im Wasser versteckt hat?« fragte Genda. »Es wird uns wohl nicht helfen können.« Fyn ignorierte die implizierte Verachtung und antwortete langsam.

»Genau darüber habe ich gerade nachgedacht«, sagte er. »Dieser Bones ist nicht besonders groß, aber mit Sicherheit besitzt er eine gewisse Überlegenheit. Ich müßte dieser großspurigen Frau eigentlich danken, daß sie mich an ihn erinnert hat. Ihr wartet hier: Ich denke, er oder sie ist unter dem Floß, und ich will mit ihm reden, bevor es zu dunkel für die Zeichensprache ist.« Ohne auf ihr Einverständnis zu warten, sprang Earrin ins Wasser. Die beiden Wachen hatten das Gespräch mit angehört und sahen ziemlich verängstigt aus, konnten sich aber zu keiner Entscheidung durchringen. Die Anweisungen waren eindeutig gewesen, was diesen Punkt betraf; die Gefangenen durften das Floß besuchen, wenn sie wollten. Aber scnließlich war zu keiner Zeit die Rede davon gewesen, daß sich einer der Invasoren dort aufhalten würde . . .

Sie zogen sich ein Stück von den anderen zurück und unterhielten sich leise. Selbst Genda machte keine Anstalten, ihnen zuzuhören. Sie brauchten nicht lange zu warten. Earrin tauchte im hüfttiefen Wasser wieder auf, und der Beobachter erschien fast gleichzeitig hinter ihm. Die beiden wateten an Land und näherten sich den Wachen. Sie hielten zwei Meter vor dem Paar an, und Earrin sprach.

»Das ist der Invasor, wie ihr ihn nennt, den eure Leute lange Zeit als Gefangene in Hemenway festgehalten haben. Die Dinge, die ihr mit ihm angestellt habt, haben ihm nicht sonderlich gut gefallen. Er ist von Natur aus nicht gewalttätig, da er intelligent ist, aber er stimmt mit mir überein, daß es eine sinnlose Anstrengung wäre, wenn wir uns besonders darum kümmern, daß Menschen wie ihr weiteratmen können.«

»Er ist zu klein, um uns gefährlich zu werden«, gab einer der Wachen zurück. »Was kann er einem erwachsenen Mann schon antun?«

»Das hängt von der Umgebung ab, wie man so schön sagt«, antwortete Earrin. »Eure Anführerin hat mir gerade eine der Möglichkeiten gezeigt. In einem Kampf, in dem die Muskelkraft entscheidend ist, würde ich dir zustimmen. Ihr könntet ihn direkt wieder einfangen. Auf jeden Fall hat er hier den Rest von uns als Hilfe, und er hat einen großen Vorteil, der es unnötig macht, ihm zu helfen.«

»Und welchen?«

»Er braucht nicht zu atmen – genau gesagt, er kann es nicht einmal. Er hat keine verletzlichen Luftschläuche. Wenn du mit ihm kämpfst, was denkst du könnte einen dieser langen Tentakel daran hindern, innerhalb von zehn Sekunden deine Luftventile herauszuziehen? Willst du es ausprobieren?« Earrin machte eine kurze Pause, um seinen Zuhörern Zeit zum Nachdenken zu geben. »Wenn du es versuchst, wirst du es schon merken. Wie ich vor ein paar Minuten gesagt habe: wir finden es lästig, daß eure Leute unsere Aktionen behindern. Wenn du der Meinung bist, daß ein Kampf sinnlos wäre, gehe schnell in dieses Depot zu dem Rest von deinen Freunden und erkläre ihnen, daß der erste, der seinen Kopf zur Schleuse herausstreckt, seine Maske verliert, und zwar augenblicklich. Und entscheide dich schnell.«

Sie dachten beide nach, wenn auch nicht sehr schnell. Sie protestierten; ja, sie flohen sogar, denn unter diesen Umständen schien ihnen ihre streitsüchtige Führerin beinahe ebenso furchterregend wie der Verlust ihrer Masken. Earrin war sich ganz und gar nicht sicher, ob er seine Drohung auch ausführen konnte; aber Bones war wahrscheinlich dazu in der Lage, und es schien sowieso nicht, als wären die jungen Hillers in der Lage, seine Worte anzuzweifeln. Er log nicht; er hatte die volle Absicht, zu tun, was er angekündigt hatte.

Die beiden gingen schließlich durch die Luftschleuse. Ein neuer Schwall von Worten erklang aus dem Innern des Depots; obwohl die einzelnen Sätze nur schwer auszumachen waren, mußten die Zuhörer grinsen, soweit sie dazu fähig waren.

Dann folgte eine kurze Stille, und sogar für Earrin überraschend tauchte plötzlich ein Kopf aus dem Wasser auf. Der Nomade brauchte seine Tapferkeit erst gar nicht unter Beweis zu stellen; Bones reagierte augenblicklich. Ein Tentakel schlug aus, ergriff mit seinen vier Fingern die Schläuche des Atemgerätes und zog daran. Das Ventil glitt aus der Patrone, aber nicht von der Maske; ihr Eigentümer verlor sie im nächsten Augenblick. Flüchtig sahen sie ein erstauntes weibliches Gesicht, und der Kopf verschwand wieder im Wasser. Einen Moment später hörten sie Schreie innerhalb des Depots; offenbar fehlte der Frau die Gewohnheit, ungeschützte Augen unter Wasser zu schließen. Selbst sehr stark verdünnte Stickstoffsäure kann verletzen. Fyn hatte das Gefühl, sich übergeben zu müssen, die anderen menschlichen Zuhörer wurden bleich, und Betty begann zu weinen. Ihre Versuche, sie zu beruhigen, half dem Rest von ihnen, sich angesichts dieser unangenehmen Entwicklung zusammenzureißen.

»Wir haben sie jetzt«, bemerkte Mort nachdenklich, als das Kind wieder ruhig war. »Aber was machen wir jetzt mit ihnen?«

Die Frage war immer noch unbeantwortet, als die Sauerstoffverschwender wahrscheinlich schon längst fröhlich schlafen gegangen waren und Kahvi mit ihren Begleitern auftauchte.

XVIII

VARIATION: GEWALTTÄTIG

Inzwischen war der Mond aufgegangen, und es war hell genug für Menschen und Beobachter, um sich per Zeichensprache zu verständigen. Doch letztere verschwendeten erst gar keine Zeit damit. Sie schlangen die Tentakel umeinander und verharrten eine volle Minute in dieser Umarmung, wobei sie ihre Erinnerungen austauschten. Selbst Earrin, der die Situation augenblicklich verstanden hatte, fand es peinlich, zuzusehen, aber er tat es trotzdem. Die anderen Erwachsenen waren schockiert, wenn auch Kahvi ihre Fassung wiedergewann, als Earrin ihr die Situation erklärte. Nach der Veränderung der Atmosphäre hatte sich unter der absoluten Notwendigkeit und dem gleichzeitigen Zusammenbruch jeglicher Technologie, von der Manipulation des Pseudolebens einmal abgesehen, ein geradezu viktorianischer Verhaltenskodex entwickelt, dem allerdings die Scheinheiligkeit und Heuchelei dieser Epoche abging.

Innerhalb von zwei Minuten wußten beide Beobachter genau,

was beide Gruppen bisher erlebt hatten; aber es dauerte viel länger, bis sich auch die Menschen ein mehr oder weniger gleiches Bild von der Situation machen konnten. In der Zeit wanderte der Mond ein ganzes Stück am Himmel weiter.

Kahvi ergriff dann die Initiative.

»Jetzt werden wir diese Verbrecher wieder an normale Luft gewöhnen«, sagte sie zuversichtlich.

»Und wie sollen wir das anstellen?« fragte Zhamia. »Wir haben unsere Pflanzen ausgesät, aber es wird ein paar Tage dauern, bis die Konzentration der Stickstoffproduktion höher ist als die der Sauerstoffpflanzen. Wenn in den Kulturen nicht genug Nitrate vorhanden sind, werden die Sporen erst gar nicht angehen. Und wir waren noch nicht in diesem neuen Gebäude – dem Labor, wie sie es nennen; da müssen sie ebenfalls reinen Sauerstoff drin haben.«

Kahvi lächelte düster unter ihrer Maske. »In der Nähe wächst das Gewebe, aus dem Patronen hergestellt werden. Diese Leute sind entweder achtlos mit den Samen umgegangen oder haben ihr Pseudoleben wahllos verstreut auf der ganzen Halbinsel wachsen lassen. Wir werden einige Stämme von dem Zeug in das Gebäude hineinbringen oder besser in alle beide; das wird den Sauerstoffdruck in weniger als einer halben Stunde wieder normalisieren.«

»Bist du sicher, daß das Dach hält?« fragte Earrin. Kahvi überlegte einen Moment lang.

»Sicher«, sagte sie schließlich. »Die Wand ist nur ein paar Zentimeter von dem Schleusenbecken entfernt. Die Drucksenkung wird den Wasserspiegel zuurückgehen lassen, bis Luftblasen zu sehen sind, bevor der Stoff auf dem Dach reißt.«

»Trotz der frischen Flicken?«

»Wir wollen es hoffen.« Fyn war verblüfft; er hatte seine Frau noch nie in einer derart berechnenden Stimmung gesehen. Er hatte aber auch noch nicht ihr Kind gesehen, wenn es von oben bis unten mit Glasdisteln bespickt war. »Außerdem haben sie sowieso Masken«, fügte Kahvi hinzu.

»Einer von ihnen nicht – ich glaube, ihre Anführerin. Bones nahm sie ihr weg, weil sie versuchte . . .«

»Ja, du hast es uns erzählt. In Ordnung, leg sie wieder hinein.

Verlaß die Schleuse nicht; du brauchst sie ja nur unten ins Wasser zu legen. Wenn sie schlafen, ist es nicht notwendig, daß sie etwas mitbekommen. Dafür können wir noch sorgen, wenn es gefährlich wird, aber es wird schon nicht geschehen. Warum auch? Nur der Sauerstoffdruck wird sinken, du brauchst dir keine Sorgen zu machen.«

»Wird ihnen der normale Druck denn reichen?« fragte Earrin.

»In der Stadt kommen sie auch damit zurecht. Sei nicht so mitleidig, oder bemitleide, wenn du es schon nicht lassen kannst, zur Abwechslung einmal Danna und mich. Wir spüren beide noch, wo wir in dieses »wissenschaftliche« Glas getreten sind.«

Ihr Mann, der noch immer seine Befürchtungen wegen dem Dach hatte, aber entschieden hatte, daß dem vorerst keine Argumente entgegenzusetzen waren, beendete die Diskussion und machte sich auf die Suche nach einem Stamm des Patronengewebes. Mort und Betty folgten ihm; die Kleine hatte noch nie die Pseudopflanzen gesehen, die dieses Material lieferten, und ihr Vater wollte sich diese Chance von praktischem Unterricht nicht entgehen lassen, so müde die beiden auch waren.

Die anderen Kinder wurden zum Floß gebracht, wo Khavi sich um sie kümmerte. Sie war längst wieder an der Küste, als die drei endlich gefunden hatten, was sie suchten.

Für jemanden, der mit den irdischen Pflanzen vertraut war, wie sie vor dem Wandel existiert hatten, hätte das Pseudoleben wie Bambus ausgesehen, mit Stücken, die beinahe so lang wie Earrin waren und mindestens den Durchmesser seines Unterarmes erreichten. Die leuchtendrote Farbe war im Mondlicht nicht sehr auffällig. Es war so leicht, daß man es mühelos unter den Arm geklemmt tragen konnte; und tatsächlich schaffte Betty es, den Stamm von dem anderen Ende der Halbinsel bis zum Gefängnis zu schleppen. Einmal mit Sauerstoff gesättigt, würde es mehr als hundert Kilogramm schwerer sein, aber das war im Freien nicht der Fall. Es gab zwar in der Atmosphäre Spuren von freiem Sauerstoff, aber selbst weißer Phosphor hätte nicht damit reagieren können.

»Gut«, rief Kahvi, als sie die Gewebemasse sah. »Habt ihr nur eines gefunden? Egal, es wird reichen; sie sind alle in einem

Raum, und das hier wird genügen, um einen Raum voll Sauerstoff leer zu machen – und dabei verschwenden wir nicht das geringste. Wir können es zwar nicht trocken hineinschaffen, aber das macht nichts – die Reaktion wird nur ein wenig langsamer ablaufen. Macht schon, solange wir genug Licht haben.«

Leider hatten sie mehr als genug Licht, das bemerkte auch Kahvi schließlich. Ein Objekt, das mehr als hundert Liter Wasser verdrängt und dabei kaum zwei Kilogramm wiegt, wird mit Leichtigkeit eine Person an die Wasseroberfläche treiben, die nicht mehr als fünfundsechzig Kilogramm wiegt, nur ein wenig mehr Dichte als Wasser aufzuweisen hat und zudem noch mit Gas – atembarem Gas – aufgefüllt ist. Allein schaffte sie es nicht. Am Ende mußten alle Erwachsenen anpacken, um ein Ende des Zylinders unter die Wand zu drücken, und mit vereinten Kräften gelang es ihnen, es so weit durchzuschieben, daß es am anderen Ende des Wasserbeckens an der Oberfläche auftauchte. Es war kein Laut zu hören, der darauf hingewiesen hätte, daß ihre Arbeit Erfolg gehabt hatte.

Dann brachte Zhamia ihre Tochter zum Floß, und kehrte nach wenigen Minuten wieder zurück. Sie hatten entschieden, daß nur die Kinder im Zelt bleiben sollten, zumindest bis Sonnenaufgang, wenn die Pflanzen auf dem Floß wieder begannen, Sauerstoff zu produzieren. Die Erwachsenen hielten teilweise Wache am Wasserbecken des Depots, teilweise lagen sie auf dem schleimigen Sand und versuchten zu schlafen.

Kahvi und Earrin blieben wach, sie beobachteten den Wasserspiegel der Luftschleuse. Dieser hätte zurückgehen müssen, als der Druck im Innern gesenkt wurde; aber nichts dergleichen schien zu geschehen. Die Minuten verstrichen. Beide wußten, daß die Zeit sich zu dehnen schien, wenn man angestrengt wartete, aber schließlich erschien der Komet am Himmel.

»Irgend etwas sollte sich inzwischen gezeigt haben!« rief Kahvi aus. »Ich frage mich nur, was da schiefgegangen sein mag?«

»Vielleicht ist das Zeug mutiert und bindet jetzt keinen Sauerstoff mehr. Du kannst ja nicht immer nach dem Aussehen gehen.«

Die Frau nickte nicht einmal; das war die offensichtlichste aller Möglichkeiten. Selbst Pseudoleben, so stabil es auch war, änderte seine genetischen Strukturen bisweilen, wenn eine Art Krebs auftrat. »Ich gehe hinein«, sagte die Frau plötzlich. »Irgend etwas läuft hier falsch, und sie scheinen so tief zu schlafen, daß sie überhaupt nichts merken.«

»Ich werde gehen.« Earrin gelang es selten, seine Frau zu etwas zu überreden, außer wenn er recht hatte. Sie diskutierte diesmal nicht mit ihm, sondern setzte sich, dankbar für die Ruhepause, in den Sand. Der Mann watete die Treppe im Becken hinunter und duckte sich unter der Wand her.

Er konnte alles überblicken. Der Mond schien zum Dach herein, und die chemischen Lampen erhellten jeden Winkel. Der Tisch, auf dem die Pflanzenkulturen standen, versperrte ihm die direkte Sicht in den Raum, bis er die Stufen hochgegangen war, aber er konnte einen Mann sehen, der unmaskiert an der Westmauer lehnte und zusah, wie der Nomade eintrat. Er brauchte ein paar Sekunden, um Rembert wiederzuerkennen, den ersten Sauerstoffsüchtigen, den er und Kahvi getroffen hatten. Die Anwesenheit ausgerechnet dieses Jungen war weniger erstaunlich als die Tatsache, daß er völlig allein zu sein schien. Kein Mensch war sonst noch im Raum.

»Ich freue mich, dich wiederzusehen, Nomade Fyn«, sagte der Hiller unbewegt. »Ich bin auch froh, daß ich dich nicht allzusehr verletzt habe, als ich dir letzten Nachmittag die Beine wegzog. Ich fürchte, daß ich ein wenig hysterisch reagiert habe, als ich dachte, daß du mit dem Invasoren zusammenarbeitest.«

»Wo sind –« Earrin brauchte den Satz erst gar nicht zu beenden. Rembert lächelte ein wenig, und deutete mit dem Kopf in die südwestliche Ecke des Gefängnisses. Der Nomade folgte dem Hinweis mit den Augen, konnte aber im ersten Augenblick nichts erkennen. Die Mauern waren zu dick, und es gab mit Sicherheit keine zweite Schleuse – eine luftdichte Doppeltür oder etwas in der Art. So etwas in eine Steinmauer einzubauen, erforderte unglaubliches handwerkliches Geschick – und die Mauern waren tatsächlich aus Stein; Fyn war an ihnen hochgeklettert und sich deshalb sicher.

Dann sah er das Dach. Sekundenlang weigerte er sich zu glauben, was seine Augen ihm zeigten, aber es war keine Erscheinung. Im Mondlicht zeichnete sich deutlich eine Reihe von

Flicken ab, die fingerdick von der Süd- und der Ostwand zu den Ecken verliefen, um die sie noch fast einen Meter herumreichten, und jede einzelne von ihnen überlappte sich ein wenig mit dem nächsten.

»Dieses Gewebe wächst ebenfalls mit erstaunlicher Geschwindigkeit«, bemerkte Rembert stolz. »Ich bin sicher, daß du froh wärst, eine von diesen Kulturen zu besitzen.«

»Ihr . . . habt . . . das . . . Dach . . . aufgeschni-tten.« Der Nomade konnte die Worte kaum herausbringen.

»Richtig. Ich bin gerade mit den Flicken fertiggeworden und habe direkt angefangen, als der letzte draußen war. Sie waren sehr zuvorkommend. Sie gingen so schnell wie möglich, ohne Lärm zu machen, so daß ich nicht allzuviel Sauerstoff verloren habe. Ich muß zugeben, daß der Druck sehr niedrig zu sein scheint. Es muß mehr Luft verpufft sein, als ich erwartet hatte; und ich muß zugeben, daß mir der Grund dafür nicht ganz klar ist. Es hat zwar einen ganz schönen Luftzug gegeben, als wir es aufgemacht haben, aber es bleibt mir trotzdem unverständlich.«

Earrin, der immer noch zu schockiert war, um antworten zu können, nickte in Richtung des Zylinders, der noch in den Wellen schaukelte, die er erzeugt hatte, als er hereingekommen war. Rembert blickte verwirrt darauf, und nun fand Fyn seine Stimme wieder und erklärte es ihm.

»Das ist das Zeug, das in Sauerstoffpatronen drin ist. Wenn der Sauerstoff in seiner Umgebung einen bestimmten Druck hat, dann nimmt er ihn auf; wenn der Druck kleiner ist, gibt er welchen ab. Ich bin überrascht, daß du nichts darüber weißt.«

»Ich habe mich nie um die Verhältnisse im Freien gekümmert, bis vor kurzem. Meine Freunde haben mir beigebracht, wie man eine Maske benutzt, haben aber solche Details nie erwähnt.« Fyn hielt sich von der Bemerkung über derartige Freunde, die ihm auf der Zunge lag, zurück und wechselte das Thema.

»Warum bist du nicht mit den anderen gegangen?«

»Warum, Earrin! Du verblüffst mich! Einer mußte das Dach flicken, das war klar. Ich habe mich dazu natürlich gemeldet, weil ich erwartete, dann einen ganzen Raum voll Sauerstoff für mich allein zu haben, wenn sie weg waren. Ich habe ja nicht mit dem unfairen Trick gerechnet, den du mit diesem abscheulichen

Zeug angestellt hast. Wir werden das Gewebe so verändern müssen, daß es einen höheren Druck entwickelt, wenn wir es benutzen wollen.«

»Und deine Freunde haben dich hier allein zurückgelassen?«

»Oh, sie werden wiederkommen, mit Verstärkung. Ihr habt doch nicht wirklich geglaubt, daß ihr uns zum Narren halten und hier festsetzen könnt, nicht wahr? Zumindest nicht für längere Zeit.«

»Warum nicht. Die Eingeborenen sind noch immer bei uns. Selbst wenn ihr viele Leute zusammentrommelt, können sie –«

»Haben euch eure außerirdischen Freunde nicht von den unangenehmen Dingen erzählt, die wir tun können? Du hast noch nicht erkannt, wie viele Möglichkeiten es gibt, spitze, lange Werkzeuge zu benutzen, mein Freund.«

Earrin gab ihm keine Antwort. Bones hatte ihm inzwischen von den Speeren und den Glassplittern erzählt.

Er konnte nicht Kahvi oder sich selbst dafür verantwortlich machen, daß sie diese Art der Flucht nicht vorausgesehen hatten; die Methode war für einen Nomaden einfach unvorstellbar. Selbst Städter hätten normalerweise nicht so unglaublich viel Luft verschwenden können. Diese Jugendlichen schienen aber auf jeden Fall mit all den Werten brechen zu wollen, die Earrin als natürlich und richtig empfand. Da das auch einfachste Regeln der Selbsterhaltung betraf, war es unwahrscheinlich, daß diese Gruppe lange überleben würde; aber solange es sie gab, würden sie eine Gefahr darstellen.

Wenn einige Dutzend oder gar Hunderte von ihnen mit ihren Waffen zum Gefängnis kommen würden, wäre die Situation augenblicklich wieder unter ihrer Kontrolle. Selbst wenn seine Gruppe es schaffte, Fußbekleidungen zu improvisieren, war es die Frage, was mit den Eingeborenen und ihren Tentakeln zu machen war; und während letztere offenbar die Speere überleben konnten, waren diese das Problem der Menschen in der Gruppe. Es gab nichts, was sie als Schilde verwenden konnten – das Konzept fiel Earrin im Gegensatz zu Bones sofort ein –, da das hiesige Holz eher in dünnen Streifen als in Brettern zu erhalten war. Flechtarbeit kam ihm überhaupt nicht in den Sinn; selbst wenn er die Idee gehabt hätte, wäre ihm aufgefallen, daß sie weder die Erfahrung noch die Zeit für so etwas besaßen.

Seine Überlegungen waren sinnlos, sagte er sich abrupt. Sie waren alle in Gefahr. Kahvi und die anderen mußten gewarnt werden, und die Kinder mußten außerhalb der Gefahrenzone gebracht werden. Pflicht hin, Pflicht her, wenn die Kleinen in die Hände der Verschwender fallen würden, soviel war Earrin klar, würde er jeden Befehl befolgen.

»Freies Atmen«, sagte er plötzlich und automatisch zu Rembert und tauchte durch die Luftschleuse.

Kahvi konnte seinem Bericht nicht glauben, bevor sie nicht selbst auf das Dach geklettert war, um es zu untersuchen. Als sie sich überzeugt hatte, faßte sie ihre Entscheidungen schnell.

»Wir können das Floß einfach genug außerhalb ihrer Reichweite bringen; sie werden noch einige Stunden brauchen, bis sie hier sind. Das Problem ist, daß nicht genug Luft für uns alle da ist, und bevor die Sonne nicht aufgeht, können wir auch nichts daran machen. Außerdem würden die Pflanzen mehr als einen Tag brauchen, um ausreichend Fleisch für uns zu produzieren. Es sieht so aus, als müßtet ihr anderen mit euren Kindern so schnell wie möglich in die Stadt zurückkehren.«

»Wir können eures auch mitnehmen«, bot Zhamia an.

»Nein, danke.« Kahvi blieb freundlich, erklärte aber ihre Ablehnung nicht. »Es ist eine Schande, sie jetzt zu wecken; sie haben eine verdammt harte Nacht hinter sich. Ich sehe . . .«

»Es wäre tatsächlich eine Schande, da hast du ganz recht«, unterbrach sie Remberts Stimme. Niemand von ihnen hatte gesehen, wie er aus dem Depot herausgekommen war; sie waren zu sehr mit ihren eigenen Problemen beschäftigt gewesen. »Haltet ihr uns wirklich für so dumm, euch diese Möglichkeit zu lassen? Nur eine einzige Person ist nach Hemenway unterwegs; die anderen beobachten euch vom Hügel aus. Wenn ihr versucht, eure Kinder in die Stadt zu bringen, werden sie schon dafür sorgen, daß ihr es bereut. Ihr könnt sie ebensogut schlafen lassen. Wie du ganz richtig gesagt hast, vor morgen früh sollte nichts mehr passieren. Bitte erklärt das auch euren Freunden, den Invasoren; sie haben mich vielleicht nicht gut genug verstanden, und es wäre eine Schande, wenn sie uns verärgern.«

Fyn gestikulierte bereits in Richtung der beiden Bones', und sie signalisierten zurück. Rembert konnte natürlich nicht verstehen, was sie antworteten, aber das schien ihm keine Sorgen zu bereiten. Er war so sicher, daß seine Seite überlegen war, wie kurz zuvor Kahvi und Earrin es gewesen waren. Rembert konnte nicht sehen, was die anderen noch tun mochten; das reichte ihm.

Doch selbst Earrin, so langsam er auch dachte, sah, was noch getan werden konnte – nicht seine Geistesstärke war sein Trumpf, sondern sein Hintergrundwissen. Als erstes mußten die Kinder außer Reichweite der Hillers. Er schloß die beiden, die nicht ihm gehörten, ganz automatisch ein. Er dachte nicht darüber nach, was ihm und den anderen Erwachsenen dann geschehen würde; es gab immer noch die Stadt, die, Gendas Ideen zum Trotz, genug Luft für sie alle hatte. Offensichtlich mußte einer oder beide Eingeborenen das Floß so schnell wie möglich fortschleppen. Earrin machte das ihnen klar, und sein verdoppelter Freund verstand.

Aber sie zögerten zu gehen. Hier, wo sie gerade waren, würde es schließlich viel mehr zu sehen geben. Andererseits hatten sie sich erst kürzlich umarmt, und es war logisch, daß sie sich trennen mußten, damit mehr gleichzeitig beobachtet werden konnte. Nicht weniger logisch war, daß die größere Einheit das Floß schneller bewegen konnte; und dazu kam noch, daß dieser in ein oder zwei Tagen einen Ableger produzieren würde, ein Resultat der Speerwunde. Es schien einsehbar, sich deshalb von den Hillers fernzuhalten. Bones erklärte sich einverstanden, daß die größere Einheit sofort mit dem Floß und den Kindern fortging, mindestens bis Milton, weit genug, um einerseits einigermaßen sicher zu sein, andererseits nah genug, um rechtzeitig zurückzukehren, wenn es nötig war.

Earrin billigte diese Entscheidung, machte aber den Fehler, sie Zhamia und den anderen mitzuteilen; wie die meisten Leute seiner Zeit war er nicht an direkte Konflikte gewöhnt und wußte nicht, was Rembert in der Angelegenheit tun konnte, so daß er keinen Versuch machte, es vor dem Verschwender zu verbergen. Auch Kahvi erkannte den Fehler erst, als es zu spät war. Rembert war unglücklicherweise sowohl ein schneller Denker als auch überzeugt von seinen Vorstellungen.

Er war nicht so schnell wie Bones, aber erreichte das Floß kurz nach dem Eingeborenen. Die anderen folgten ihm, als sie sahen, wohin er wollte, aber errieten nicht rechtzeitig, was er vorhatte. Es war wieder einmal etwas, das für die meisten von ihnen unvorstellbar war, trotz der Erfahrungen, die sie gerade erst gemacht hatten.

Der Junge kletterte auf das Deck und lief über die Schwimmer auf das Zelt zu. Dann zog er vollkommen ruhig und gelassen ein Glasmesser aus seinen Taschen und hielt es an den durchsichtigen Stoff. Selbst seine Stimme klang gelassen.

»Ich weiß, daß ihr oder der Invasor mein Ventil herausziehen könnt«, sagte er. »Allerdings schafft ihr es nicht schnell genug. Wollt ihr ausprobieren, ob ich es schaffe, vorher euer Zelt aufzuschneiden, Nomaden? Denkt ihr, die Kinder wachen schnell genug auf, um ihre Masken aufzusetzen, selbst wenn ihr jetzt anfangt zu schreien? Kommt einen Schritt näher oder macht einen Laut, dann ist eine Zeltladung Sauerstoff verloren. Da ich das Messer nicht lange so halten kann, ist es wohl besser, wenn ihr das Floß verlaßt und zur Küste zurückschwimmt – ihr alle zusammen. Selbst in so dünner Luft kann ich zählen. Das gilt auch für die beiden Invasoren. Ich weiß, daß einer von ihnen noch unter Wasser ist. Geht zu ihm, einer von euch, der mit ihm reden kann, und bringt ihn zur Küste. Ich warte hier, bis meine Freunde kommen, und ihr werdet auch warten, genau neben dem Labor. Ihr holt euren Invasoren besser schnell; ich kann das Loch im Zelt genau sehen, und wenn sein Kopf da auftaucht, benutze ich das Messer.«

»Das wagst du nicht«, knirschte Kahvi. »Kannst du dir denken, was wir dann mit dir machen?«

»Sicher. Ich wußte, daß bei dieser Aktion Leute getötet werden würden. Das ist es wert, selbst wenn ich mir schwer vorstellen kann, einer von ihnen zu sein.«

»Du kannst doch nicht –«

»Wollt ihr es wirklich wissen? WEG VOM FLOSS? SAG' ICH!«

Bones war untergetaucht, um einen Anker heraufzuholen, und in diesem Augenblick tauchte er damit auf. Earrin übermittelte ihm rasch eine Erklärung der neuen Situation, obwohl der

Beobachter sie auch ohne Hilfe ganz gut verstanden hatte. Es war eine weitere faszinierende Situation, die ihn dazu drängte, alle seine bisherigen Hypothesen über das Verhalten eines individuellen Bewußtseins noch einmal zu überdenken. Logischerweise hätte man auf die Drohung mit dem Messer eingehen sollen, um festzustellen, inwieweit sich die im Lautsystem mitgeteilten Ideen mit der tatsächlichen geistigen Aktivität des Individuums deckten; aber nun, wo es notwendig war, dem Leben einzelner so viel Bedeutung beizumessen, mußte dieses Experiment warten. Es war bedauernswert, daß diese Situation nicht wiederholt werden konnte, ohne daß erneut irgendwelche Lebewesen in Gefahr gerieten. Es schien das beste zu sein, den Befehlen Folge zu leisten und an Land zu gehen, wie die anderen auch. Dann würde er Zeit zum Nachdenken haben. Rembert beobachtete, wie die Gruppe sich am Ufer versammelte, zählte sie sorgfältig und entspannte sich dann.

Langsam sank der Mond westwärts, der Komet erhob sich zum Meridian, und im Osten hellte sich der Himmel auf. Die Menschen an der Küste waren müde, aber konnten kein Auge zutun. Sie waren nicht sicher, ob der Verschwender bluffte, konnten aber das Risiko nicht eingehen, es herauszufinden; alle außer Genda hatten Kinder, die bedroht waren, und selbst sie wollte es nicht riskieren. Sie konnten jetzt planen, soviel sie wollten, ohne daß Rembert es mitbekam, da die Brandung zuviel Lärm machte, als daß er auf die Entfernung ihre Stimmen verstehen konnte. Aber unglücklicherweise schien es keinen brauchbaren Plan zu geben.

Bis Sonnenaufgang änderte sich nichts. Zhamia war die erste, die die Gruppe sah, die von dem Hügel im Westen herüberkam; natürlich hatten sie sie von Süden erwartet. Der Grund war bald ersichtlich; sie waren ausgeschwärmt, so daß niemand aus der Gruppe am Laboratorium in irgendeine Richtung flüchten konnte, außer ins Wasser hinein.

Ungefähr drei Viertel der Neuankömmlinge – es waren etwa fünfzig bis sechzig – hatten Speere. Diese waren zwar nicht erhoben, doch als sie die Gruppe erreicht hatten und die Nomaden und ihre Freunde in einer Entfernung von fünf, sechs Metern umringten, war der Eindruck, den sie machten, nicht weniger bedrohlich, als wenn sie es gewesen wären. Man konnte keine Gesichtsausdrücke erkennen, aber die Körperhaltungen waren eindeutig genug. Sie gingen fast augenblicklich zu Aktionen über.

»Ihr Nomaden, und die Leute bei euch, geht weg von diesen Invasoren.« Die weibliche Stimme erkannten sie wieder; Earrin wünschte sich, ihren Namen zu kennen. Er zögerte, dann trat er beiseite wie ihm gesagt wurde, und die anderen Menschen folgten ihm. Er bedauerte es im selben Augenblick.

»Los!« befahl dieselbe Stimme. Ein halbes Dutzend Waffen flog einen Moment später auf die Beobachter zu. Die Hillers hatten sich anscheinend auf das schwierigere Ziel konzentriert, da die größere Einheit unverletzt blieb, während vier Speere in den Körper der kleineren einschlugen. Sie klammerte sich mit wild rudernden Tentakeln an die Schäfte, und zog einen nach dem anderen heraus. Farblose Blut spritzte aus den Wunden, und der Beobachter wankte noch ein, zwei Meter auf das Meer zu, bevor er zusammenbrach.

Die Hillers sahen schweigend zu, ohne weitere Speere zu werfen, bis sich Bones bewegte; aber als die größere Einheit den kleinen Körper aufnahm, und mit ins Wasser zog, mußte er noch einigen Speeren ausweichen.

XIX

RÄTSEL: METALLISCH

Einmal untergetaucht und außer Sicht, schwamm Bones aufs offene Meer zu, von der Küste fort. Die kleinere Einheit war nur eine hilflose Last, aber während sie schwammen, tauschten sie Gedanken aus. Er fürchtete nicht etwa um sein Leben; die lebensnotwendigen Organe des Beobachters waren zu gut dezentralisiert, als daß derartige Verwundungen tödlich verlaufen konnten. Nur vollständige Auflösung, oder Verbrennung, hätten das zustande gebracht.

Sie erreichten ein großes Feld von Wasserpflanzen, und Bones setzte den anderen ab, damit er sich erholen und ernähren konnte. Sie hatten ausgemacht, daß er volle zwei Tage dort bleiben sollte, ohne von sich selbst aus zu handeln; wenn es möglich war, würde die größere Einheit dann mit neuen Erfahrungen dorthin zurückkehren.

Das nächste Ziel war das Floß. Er mußte schnell handeln, soviel war dem Beobachter klar; die Neuankömmlinge würden vermutlich in Kürze über das weitere Schicksal der menschlichen Ableger entscheiden. Es schien wahrscheinlich zu sein, daß Rembert nun, da seine Freunde eingetroffen waren, in seiner Aufmerksamkeit nachlassen würde, aber er mußte sich sehr vorsichtig nähern – ja, da war eine menschliche Gestalt zu erkennen, die vom Floß auf das Ufer zuschwamm. Bones nahm das Risiko auf sich, auf der küstenabgewandten Seite des Floßes kurz aufzutauchen und zu überprüfen, ob niemand auf dem Floß zurückgeblieben war. Er hatte recht behalten. Eine oder zwei Sekunden später erschien der fremdartige Schädel im Zelteingang.

Trotz des Lärms am Strand schliefen die Kinder noch fest. Die älteren würden offenbar nicht in der Lage sein, die Zeichensprache zu verstehen; ob er der kleinen Danna die Situation verständlich machen und sie es rechtzeitig den anderen mitteilen konnte, war seine größte Sorge. Bones hatte die Grenzen des kindlichen Verstandes längst erkannt, bevor ihm die Gründe dafür klar wurden.

Ohne in das Zelt zu klettern – selbst wenn er auf dem Boden stand, erreichte der Kopf des Beobachters fast die Decke – langte Bones in Dannas Nest und drückte sanft ihre Schulter. Das war sein übliches Hör-zu-Zeichen, von dem man hoffen konnte, daß es auch zu einem schlafenden Bewußtsein durchdringen würde. Die vier Finger am Ende des Tentakels drückten, dann warteten sie, drückten nochmals, und wieder. Der Lärm an der Küste schien jetzt näher zu kommen, und Bones verdrehte einen Augapfel in die Richtung. Er sah keine Bewegung in Richtung des Floßes, aber die Menschen standen jetzt so dichtgedrängt, daß selbst die Augen des Beobachters keine Einzelaktionen mehr trennen konnten.

Ein weiteres Drücken gegen die schmale Schulter brachte das erste Ergebnis. Danna setzte sich auf, rieb sich die Augen und sah ihren nichtmenschlichen Freund ruhig an.

»Wo sind Mutter und Vati?« Ein Tentakel deutete zur Küste; das Kind blickte hinüber und nickte. Das Gedränge am Strand schien sie nicht zu beunruhigen, und sie drehte sich wieder zu Bones um. »Sind sie in Ordnung? Was ist denn drüben los?« Der Beobachter dachte nicht daran, ihr irgendwelche Informationen vorzuenthalten, aber er drückte sich so schonend wie möglich aus.

»Ich kann dir nicht sagen, ob deine Eltern in Ordnung sind. Die anderen Leute sind die, vor denen wir mit deiner Mutter letzte Nacht geflohen sind und deren Freunde. Sie glaubt, daß sie dich von ihr wegnehmen wollen. Du und diese anderen Kleinen werdet jetzt eure Masken aufsetzen und mit mir kommen müssen. Wenn diese Leute euch mitnehmen, werden sie euch verletzen, wenn eure Eltern nicht tun, was sie verlangen. Nehmt so viel Luft mit, wie ihr tragen könnt. Ich werde euch zu einem der Zelte an der Küste bringen, wo diese Leute euch nichts antun können. Weck die anderen auf und erkläre es ihnen, so schnell es geht.«

Der erste Teil seiner Anordnung war leicht zu befolgen, aber die Kinder davon zu überzeugen, daß sie mit diesem seltsamen Giganten irgendwohin gehen sollten, war schon etwas anderes. Da Danna so offensichtlich freundschaftliche Beziehungen zu ihm hatte, waren sie nicht direkt ängstlich – oder wollten das zumindest nicht in Gegenwart ihrer kleineren Begleiterin zeigen –, aber ins Meer zu gehen, wo man praktisch blind war, bereitete beiden ziemliches Unbehagen. Glücklicherweise hatten beide in der Nacht zuvor soviel mitbekommen, daß sie vor der Gruppe aus Hemenway Angst hatten – ganz besonders Ray erinnerte sich an den Zwischenfall an dem anderen Gefängnis; aber sie stimmten erst zu, mitzugehen, als Danna ihnen versicherte, daß eine nächtliche Reise mit Bones unheimlichen Spaß machte.

Selbst danach waren sie nicht gerade begeistert, bis ein aufgeregter Tentakel zur Küste zeigte und ihre Aufmerksamkeit auf die Tatsache lenkte, daß einige Leute gerade ins Wasser wateten in Richtung auf das Floß. Daraufhin griffen sie alle nach ihren Atemausrüstungen.

Danna, die einzige, die eine harte Ausbildung hinter sich hatte, überprüfte erst einmal jede Maske und jede Patrone, bevor sie ins Wasser sprangen, obwohl die anderen zunehmend nervös wurden, da die Hillers langsam näher kamen.

»In Ordnung«, sagte die Kleine schließlich. »Bones wird euch festhalten, und ich mich an ihm – ich weiß, wie man es machen muß, aber ihr könntet verlorengehen, wenn er zu schnell wird. Haltet die übrigen Patronen fest, vergeßt das nicht. Jetzt aber los.« Dana hatte Bones kurz signalisiert, daß er die andern festhalten mußte, und innerhalb weniger Sekunden hatte die Gruppe das Floß verlassen und war vorläufig vor den Verbrechern in Sicherheit. Ray und Betty wurden jeweils unter eine Seitenfinne gepreßt und von einem langen Tentakel abgesichert; Dana legte sich auf die Rückseite des fischartigen Körpers und hielt sich an denselben Gliedmaßen fest, dirket unterhalb von Bones' Augen.

Natürlich machte die dreifache Last den Beobachter langsamer, aber er war immer noch schneller, als irgendein menschliches Wesen sich im Wasser bewegen konnte. Das garantierte aber noch nicht die Sicherheit der Kinder; sie mußten an einen Platz gebracht werden, an dem sie atmen konnten, ohne ihre Patronen zu verbrauchen, und alle näher gelegenen Plätze wurden wahrscheinlich vom Feind beobachtet – ein weiteres Konzept, das dem Beobachter neu war, aber durch seine Erfahrungen klargemacht worden war.

Es gab einige Plätze, die dagegen absolut sicher sein würden; Earrin und Kahvi hatte verschiedene Zelte über das Gebiet von Boston verstreut aufgestellt. Ob er eines von ihnen erreichen konnte, ohne daß die Kinder mehr Sauerstoff verbrauchten, als die Sicherheit es zuließ, war fraglich. Bones hatte keine Idee, wie er die Zeit abschätzen sollte, die er durch die Kinder auf seinem Rücken brauchte. Seine Schwimmgeschwindigkeit war viel kleiner als normalerweise, und selbst zum nächstgelegenen würde diese Reise zu lang werden.

Aber es gab eine Möglichkeit, die Geschwindigkeit zu erhöhen, erkannte der Beobachter plötzlich. Die Kinder nahmen die plötzliche Kursänderung nicht wahr, die folgte, als Bones die Idee als durchführbar akzeptierte. Bones wußte, daß er kein Risiko einging, wenn er zwischen dem Land und den Sayreinseln hindurchschwamm, da die Flüchtlinge unter Wasser nicht sichtbar waren und es keinen vernünftigen Grund für die Hillers gab, den Kanal zu durchqueren. Der Fehler in seinen Überlegungen stellte sich als unwichtig heraus, da im Augenblick niemand unterwegs war, um auf den Inseln die Ernte einzuholen, und sie kamen unbemerkt durch, schwammen um das Nordende der Halbinsel herum bis in die Bucht, in der Kahvi mit ihrer Tochter an Land gekommen war. Danna erkannte die Stelle wieder, an der sie landeten, und zeigte den anderen Kindern die Dinge, die ihre Mutter ihr erklärt hatte, während der Beobachter sich an die Arbeit machte.

Die riesige Masse Newellgewebe war noch unberührt. Es gab eine Reihe von Stoffgewächsen. Bones, der das Messer aus Glas benutzte, das Danna ihm geliehen hatte, hackte ohne Mühe ein Stück ab; es war ebenso leicht zu schneiden wie das Plastikmaterial, das vor langer Zeit jemanden zu dieser genetischen Struktur inspiriert hatte. Innerhalb einer Viertelstunde hatte es die ungefähre Form eines Bootes mit flachem Bug oder eher noch die eines Surfbrettes und war von Leinen aus gedrehtem Stoff umwunden, an denen sich der Beobachter und seine Passagiere festhalten konnten. Auf einen Wink der Tentakel hin gingen letztere ins Wasser; ein weiterer Wink, und Danna lachte.

»Haltet euch gut fest«, sagte sie zu den anderen. »Wir werden sehr schnell fahren.«

Und das taten sie. Sie fuhren um die Nordseite der Sayreinseln und wandten sich dann nach Osten. Die Kinder waren sich nicht ganz sicher, ob sie diese Erfahrung genießen oder ängstlich sein sollten, doch Dannas absolutes Vertrauen in Bones beeinflußte auch die anderen.

Sie durchfuhren die Bucht und kamen an der Südspitze von Milton Island vorbei. Auf der Insel gab es ein Sauerstoffzelt, und Bones hatte überlegt, ob sie es benutzen konnten. Doch die Familie hatte dort Kulturen mit einer neuen Art von Pseudoleben angesetzt und hatte geplant, es nur im Notfall zu nutzen, solange sie mit den neuen Pflanzen noch nicht vertraut waren. Es war wohl sicherer, sie in Kupfer abzusetzen. Dafür mußten sie um das Nordende der Blue Hills herum, ein wenig in südliche Richtung, und nach etwa zehn Kilometer würden sie an der Insel sein, die einmal Penn's Island genannt worden war. Das Zelt dort hatte sich oft genug bewährt. Es war das Heim der Familie, wenn sie Kupfer sammelten.

Die Quelle lag ungefähr anderthalb Kilometer östlich, vierzig Meter tief unter Wasser, dort, wo einst das Fore River Dock gelegen hatten. Hier sammelten die kupferisolierenden Pseudowesen immer noch ihre Blöcke und lieferten sie am Dock ab, unbeeindruckt von der Tatsache, daß die schmelzenden Polkappen das Gebiet für jeden außer Bones unerreichbar gemacht hatten.

Der Beobachter vergewisserte sich, daß die Kinder das Gebäude betraten, überprüfte den Wasserstand an der Schleuse, untersuchte gemeinsam mit Danna den Zustand der Sauerstoffpflanzen, sorgte dafür, daß sie alle Patronen aufstellten, um sie aufzufüllen, und verließ sie dann, als sie sich glücklich über die fleischliefernden Pflanzen hermachten. Er ließ das Boot liegen, wo er es an Land gezogen hatte, und machte sich mit voller Geschwindigkeit auf den Rückweg zur Kantonküste. Nun, vollkommen unbehindert, brachte der kraftvolle Körper die Strecke in weniger als zehn Minuten hinter sich. Den letzten Kilometer schwamm er ganz untergetaucht, hatte aber keine Schwierigkeiten, das Floß wiederzufinden, und die groteske Gestalt erschien vorsichtig im Sauerstoffzelt.

Es war nur eine Person anwesend, die mit der ruhigen Konzentration, die Nomaden immer aufbrachten, wenn es um wichtige Dinge ging, die Pflanzen pflegte. Sie hatte dem Eingang den Rücken zugewandt, und brauchte einige Sekunden, um den Beobachter zu bemerken. Als sie es tat, machte sie keine Geste und keinen Laut, aber es war nicht schwer zu erraten, welche Frage Kahvi Mikkonens Gehirn beschäftigte. Bones beantwortete sie.

»Danna und die übrigen Kinder sind in Kupfer, mit all der Luft und der Nahrung, die sie brauchen. Ich kann sie jederzeit zurückholen, wenn du es wünschst. Was ist mit Earrin?«

»Sie benutzen ihn, so wie sie die Kinder benutzen wollten. Ich kann es immer noch nicht glauben, daß sie ihn wirklich . . . wirklich töten würden, aber sie sagen, daß sie es tun werden, wenn du nicht zurückkommst und mit ihnen redest. Ich sehe nicht, wie sie von dir erwarten können, daß du dich auch nur in ihre Nähe begibst, nach dem, was sie vor ein paar Stunden getan haben; aber sie schienen anzunehmen, daß du zum Floß zurückkehren würdest, und sagten mir, daß ich hier warten sollte, um dir ihre Nachricht zu überbringen. Ich kann von dir aber nicht verlangen, daß du dein Leben für Earrins hergibst; so viel kann er nicht einmal dir bedeuten.«

Bones dachte eine Weile nach. Das Konzept des Sterbens und Tötens waren ihm nun einigermaßen klargeworden; er verstand nun, warum es menschlichen Wesen mehr bedeutete als Schmerzen und sogar Unwissenheit. Genau wie Kahvi war es dem Beobachter nicht möglich, sich vorzustellen, daß Earrins Leben von seiner eigenen Art bedroht wurde, wenn auch die Gefühle und Überlegungen, die bei ihm hineinspielten, sicher auch anders waren als die der Frau.

Da die andere Beobachtereinheit noch für Stunden bewegungsunfähig war, wollte Bones das Risiko ernsthafter Schäden an dieser Einheit hier nicht eingehen, noch viel weniger die Möglichkeit völliger Zerstörung, was durchaus denkbar war, da die Hillers Erfahrungen mit Feuer gesammelt hatten und eine Vorliebe dafür zu haben schienen. Wenn die andere Einheit erst einmal geheilt war, würde der Beobachter selbstverständlich bereit sein, einen Körper in die Hände der Hillers zu geben, sofern die Möglichkeit für die andere Einheit bestand, alles sorgfältig zu beobachten; doch vorher wollte Bones keine ernsthaften Risiken eingehen.

»Du sagst, sie wollen mit mir reden?« drückte der Beobachter seine Gedanken in Gesten aus.

»Das ist es, was sie behaupten. Vielleicht meinen sie es auch. Sie wollten herausfinden, wie man eure Leute töten kann, und vielleicht sind sie jetzt mit ihrem Ergebnis zufrieden. Vielleicht kann man ihnen wirklich glauben.«

»Natürlich. Sie müssen schließlich wissen, was sie sagen.«

Die Möglichkeit einer absichtlichen Lüge war dem nichtmenschlichen Bewußtsein immer noch nicht aufgegangen. Kahvi erinnerte sich an die Erfahrungen, die sie gerade erst gemacht hatte, und zog ernsthaft in Erwägung, ob sie versuchen sollte, es zu erklären, entschied sich aber dagegen. Es schien klüger zu sein, Bones zur Vorsicht zu raten.

»Du könntest mit ihnen reden, wenn das alles ist, was sie von dir wollen«, führte sie aus. »Sie haben vielleicht nicht alle dieselben Ansichten, das darfst du nicht vergessen; aber wenn du hier auf dem Floß bleibst, und wenn die, die mit dir reden wollen, herüberkommen und vorher ihre Speere ablegen, wäre ihnen klar, daß du unter Wasser flüchten kannst, bevor es ihnen möglich ist, dich zu verletzen. Warum soll ich ihnen das nicht vorschlagen? Wenn sie einverstanden sind, können wir davon ausgehen, daß sie wirklich nur reden wollen.«

»Das erscheint mir verständlich«, gab der Beobachter zurück. »Ich würde mich auch gern mit ihnen unterhalten. Ich kenne ihre Theorie darüber, daß ich für den Wandel der Atmosphäre verantwortlich sein soll; ich kann ihnen sagen, daß es nicht wahr ist, und vielleicht finde ich in ihren Erinnerungen Hinweise – falls euer Lautsystem spezifisch genug dafür ist – auf das, was damals wirklich passiert ist. Mir ist klar, daß keine vollständigen Erinnerungen bei euch Menschen erhalten ist, und daß der Grund dafür in eurem unglaublichen indirekten Kommunikationssystem liegt.«

»Darauf scheint es hinauszulaufen«, gab Kahvi zu, »soweit ich mir zusammenreimen kann, was diese Verbrecher mir und Earrin erzählt haben. Ich hoffe, daß dir auch klar ist, daß eure Art, Informationen und Ideen direkt zu übermitteln, für uns ebenso unglaublich ist wie unsere Methode für dich; wir können uns eure zwei Einheiten nur als zwei Wesen vorstellen.«

»Das wird mir nach und nach klar. Auf jeden Fall, obwohl ich weiß, daß eine eurer Theorien falsch ist – ich habe tatsächlich nichts mit eurer Luft getan, und kam erst hierher, als es schon geschehen war –, weiß ich nicht, was richtig ist, und habe den Wunsch, es herauszufinden. Es scheint immer wieder zu passieren, auf einer Welt nach der anderen. Die Luft ist jedesmal so, wenn wir eintreffen – sonst würden wir ja gar nicht kommen –, aber nähere Untersuchungen beweisen jedesmal, daß es einige Zeit zuvor in der Tat einen großen Anteil an freiem Sauerstoff gegeben haben muß. Und jedesmal scheint sich das Leben an diese Bedingungen angepaßt zu haben – was durchaus verständlich ist; Sauerstoff ist viel zu aktiv, um längere Zeit in einer Atmosphäre zu verbleiben, ohne daß Lebensformen entstehen, die ihn unterstützen.« Kahvi nickte; die Grundlagen der Biochemie war ein Teil der nomadischen Erziehung. »Es erscheint logisch, anzunehmen, daß die Evolution normalerweise einen Organismus hervorbringt, höchstwahrscheinlich von mikroskopischen Ausmaßen und mit rapider Vermehrungsrate, der Stickstoff oxidiert; aber eine derartige Annahme ist noch nicht aus sich selbst heraus echtes Wissen.«

»Manchmal muß man aber handeln, als wäre sie es«, meinte die Frau.

»Das erscheint mir für euch Individuen richtig«, gab Bones zu. »Euch fehlt die Zeit, um Annahmen zu entwickeln und zu warten, bis sie sich, der Wirklichkeit gegenübergestellt, als Wissen erweisen oder nicht. Wie auch immer das sein mag, derselbe Wandel hat auf allen Welten stattgefunden, die ich besucht haben. Ein Organismus entwickelt sich, der bei Anwesenheit von freiem Sauerstoff Stickstoff oxidiert, so daß ein neues Gleichgewicht zwischen beiden erreicht wird – eines wie eure Welt es nun hat, in dem nur Spuren von Sauerstoff vorhanden sind.«

»In Wahrheit haben die Menschen diese Organismen hervorgebracht. Wir wissen, daß sie viele entwickelten, die meisten, die uns heute am Leben erhalten, sind künstlich«, stimmte Kahvi zu. »Ich verstehe trotzdem nicht, warum sie einen herstellten, der Luft zerstört, außer wenn es ein Unfall war; aber wie könnte jemand einen derartigen Fehler machen? Sie hätten doch vorher nachdenken müssen, was passieren konnte. Das ist der Grund, warum die meisten Nomaden, die wir kennen, anzweifeln, daß die Erde jemals Sauerstoff in der Luft gehabt hat.«

»Sie hatte«, versicherte Bones ihr. »Ich machte die üblichen Tests, als ich landete. Es gibt keine Symbole in unserer Sprache, mit denen ich sie erklären könnte, aber bei dieser Annahme bin ich mir sicher.« Kahvi akzeptierte diese Aussage natürlich, und dachte einige Sekunden angestrengt nach. Sie hatte ihren Mann und ihre Tochter nicht vergessen, aber sie hoffte, daß es die Beziehungen zu der Gruppe, die sie Verbrecher nannte, verbessern würde, wenn sie dieses Problem lösen konnte.

»Dir muß doch bekannt sein«, sagte sie schließlich, »welche Form von Pseudoleben Stickstoff oxidieren kann. Ist es eine Art, die unsere Leute entwickelt haben, oder Stickstoffleben von deiner Art, wie es im Freien wächst?«

»Es ist Stickstoffleben«, antwortete der Beobachter. »Da gibt es eine ganze Anzahl von Arten. Aber das Pseudoleben, das ihr benutzt, ist von derselben Art. Es erscheint durchaus möglich, daß das künstliche Leben, das eure Leute hergestellt haben, für den Wandel verantwortlich ist.«

»Aber Pseudoleben ist so stabil, und das Stickstoffleben mutiert derart häufig!«

»Genau deshalb hätte ein einziger Fehler eurer Techniker ausreichen können, um die Katastrophe herbeizuführen.«

»Ich hasse Genda dafür, daß sie am Ende doch recht behält. Sie ist durchtrieben genug, um uns jetzt zuzuhören«, knurrte Kahvi. Bones verstand nicht das geringste, und wartete auf etwas, worauf er antworten konnte. Es kam.

»Du weißt, wie Pseudoleben hergestellt wird. Du könntest es selbst produzieren.«

»Ja.«

»Du könntest etwas von der Art machen, das Stickstoff oxidiert?«

»Ja.«

»Wäre es schwerer herzustellen als andere Sorten, oder könnte es zufällig, bei einem Unfall, passieren?«

»Man wird es kaum zufällig herstellen können. Alle Organismen, die zu dieser Reaktion fähig sind, auf jeder Welt, an die ich mich erinnere, benötigen eins von vier bestimmten Enzymen – du weißt welche ich meine?«

»Natürlich. Das Symbol ist einfach genug, wir haben auch schon über diese Dinge geredet, sie kommen in unseren Lebenssystemen ebenfalls vor.«

»Diese Enzyme benutzen ein äußerst überraschendes Metall.«

»Was ist denn so überraschend daran?«

»Ich habe niemals feststellen können, warum es so weit verstreut auf der Oberfläche von Planeten vorkommt. Es ist eines der unverrückbaren Geheimnisse, das sich auf einer Welt nach der anderen präsentiert. Es ist ein extrem träge reagierendes

Metall, von dem ich erwartet hätte, daß es kaum Verbindungen eingeht und nur sehr selten vorkommt. Es sollte einfach nicht so verstreut über die gesamte Oberfläche und Kruste eines Planeten existieren, daß eine Mikrobe jederzeit damit rechnen kann, genug dieser Atome zu finden, wann auch immer es diese für seine eigenen chemischen Reaktionen braucht. Eine meiner Hypothesen ist, daß eine Rasse von Wissenschaftlern es braucht und überall verstreut liegengelassen hat, aber es gibt keine Möglichkeit, diese Idee zu bestätigen; ich selbst habe noch nie eine Möglichkeit gefunden, es sinnvoll zu nutzen, außer in sehr kleinen Mengen in meinem Laboratorium. Das ist einer der Gründe, warum ich mit diesen Leuten sprechen will, die anscheinend in gewisser Weise wissenschaftlich orientiert sind. Sie könnten sich selbst Wissen erarbeitet haben, selbst wenn sie keine Erinnerungen mehr haben.«

Kahvi hatte ihre Zweifel darüber; sie fühlte, daß sie über den wissenschaftlichen Status der Verbrecher ziemlich gut Bescheid wußte. Im Grunde hatten sie wohl nicht mehr getan, als mit ein paar Kulturen und der Evolutionspflanze herumzuspielen, nach der Zufallsmethode. Aber das war ja Bones' Problem.

»Was für ein Metall ist es?« fragte sie. »Ein obskures schweres Element, das sie weder in der Außenseiterschule noch in der städtischen Erziehung erwähnt haben, schätze ich.«

»Du kennst es«, antwortete Bones. Einer der Tentakel ergriff ihren Arm und berührte die goldene Spange an ihrem Handgelenk.

XX

ANTWORTEN: ANGEWENDET

Wenn einer der Verbrecher etwas Derartiges gesagt hätte, oder selbst ein normaler Hiller, Kahvi hätte ihre Zweifel gehabt, aber Bones war Bones. Nomaden sahen Lügen allgemein als etwas schrecklich Unmoralisches an; Bones wußte nicht einmal, was das war, da es in ihrer Verständigungsmethode unmöglich war. Ein menschliches Wesen hätte es vollkommen ehrlich meinen und sich doch irren können; Bones aber war sich absolut sicher.

Die Erde hatte tatsächlich einmal eine atembare Atmosphäre besessen . . .

Und Millionen und Abermillionen von Menschen . . .

Ein Lächeln erschien langsam auf Kahvis Gesicht. Ihre Lippen zitterten, und plötzlich brach sie in Lachen aus; sie war nicht mehr in der Lage, es zurückzuhalten. Bones war mit dieser Reaktion des menschlichen Nervensystems auf etwas Widersinniges vertraut, doch verwundert über die Tatsache, daß er nichts offensichtlich Widersinniges in seinen Worten entdekken konnte. Kahvi war ihm, als sie sich endlich beruhigt hatte, auch keine große Hilfe.

»Ich würde das gern übersetzen oder wenigstens dabeisein, wenn du das Remberts Gruppe und gleichzeitig Genda erzählst!« war alles, was sie sagte.

»Warum solltest du nicht?« war die prompte Antwort.

»Wir können die Kinder nicht so lange in Kupfer lassen. Danna würde ich ja vertrauen, aber die anderen beiden sind älter und werden auf die ein oder andere Weise zu zeigen versuchen, daß sie auch klüger sind. Wir können hoffen, daß sie soweit erst einmal in Sicherheit sind, aber davon können wir höchstens ein paar Stunden lang ausgehen, wenn ihnen nichts zustößt.« Sie machte eine kurze Pause und dachte nach. »Das ist, was wir tun werden; ich gehe an die Küste und sage den Verbrechern, daß du zurückgekommen bist und bereit, mit ihnen zu reden, und daß du die Kinder außerhalb ihrer Reichweite untergebracht hast. Ich werde ihnen sagen, daß du gerade herausgefunden hast, was mit der Luft auf der Erde passiert ist –«

»Aber ich weiß es doch gar nicht!« protestierte der Beobachter verblüfft.

»Aber sicher weißt du es. Hundert Millionen, eine Milliarde, zehn Milliarden, wie viele auch immer – Menschen, die wie ich Goldschmuck trugen. Schmuck. Das war es, was dieses Metall so gut über die ganze Welt verteilt hat. Es ist doch offensichtlich. Es war nicht deine Schuld, es war nicht die Schuld der Wissenschaftler. Kannst du nicht sehen, daß Genda und diese Jugendlichen sich gegenseitig gestehen müssen, im Irrtum gewesen zu sein?« Weder Kahvi und Bones hatten irgendeine Ahnung von den menschlichen Eigenschaften, die ein solches Zugeständnis unwahrscheinlich machen würden. »Ich werde es ihnen jetzt sagen, und werde ihnen mitteilen, daß du zu jedem, der dir zuhören will, morgen, sagen wir gegen Sonnenaufgang, sprechen wirst. Das wird ihnen mehr als genug Zeit geben, alle ihre Leute zusammenzurufen, und dir die Zeit, mich nach Kupfer zu bringen und wieder zurückzukehren. Wenn du es ihnen erklärst, haben sie keinen Grund mehr, dich töten zu wollen; es ist offensichtlich, daß es dir völlig egal sein kann, woraus die Luft besteht, und sie sollten vernünftig genug sein, um das einzusehen. Das heißt, daß du keinen Grund hast, ihre Versuche, den alten Zustand wiederherzustellen, zu stören. Oh!«

»Was?«

»Einer von ihnen sagte – in Hemenway warst du in einem Raum gefangen, in dem eine Menge Pflanzen und andere Dinge herumstanden?«

»Ja.«

»Du hast einige von den Kulturen zerschlagen?«

»Ich warf eine davon auf die Leute, die Speere auf mich warfen.«

»Warum hast du dir gerade diese ausgesucht?«

»Sie stand am nächsten.«

»Hoffentlich können wir sie davon überzeugen. Ich habe mitbekommen, daß es eine Kultur mit irgend etwas war, das ihnen helfen sollte, die Luft zurückzuverwandeln – etwas, das mit hoher Geschwindigkeit Nitrate reduziert. Mir ist unbekannt, wo es seine Energie hernimmt. Der Bursche war sich sicher, daß du diese Kultur absichtlich zerstören wolltest.« Sie überlegte ein paar Sekunden lang. »Mir fällt nichts Besseres ein. Hast du eine andere Idee?«

»Nein«, gab Bones zu. »So oder so sollten wir nun nach Kupfer gehen. Ich schlage vor, daß du diesen Leuten soviel wie möglich hiervon erklärst. In der Zeit werde ich ein Boot machen, dieselbe Art, mit der ich die Kinder nach Kupfer gebracht habe. Das wird uns helfen, auf der Reise Zeit zu sparen. Ich bin bald damit wieder hier. Wenn sie dich mit mir gehen lassen, ist alles in Ordnung; wenn nicht, werden wir uns noch etwas anderes ausdenken müssen. Wenn es nötig wird, werde ich zurückgehen und die Kinder hierherholen; selbst bei diesen Leuten sind sie auf Dauer wohl sicherer.«

»Das fürchte ich auch. Wir werden es trotzdem versuchen.« Kahvi zog sich an und schlüpfte durch die Schleuse. Bones folgte ihr, sah ihr einen Moment nach, bis sie aufstand und auf die Gruppe an der Küste zuwatete, und schwamm dann mit voller Geschwindigkeit nach Norden, wo er Newellgewebe suchen würde.

Eine halbe Stunde später fuhr ein Kiel aus festem Schaum auf die Küste zu und kam in Sichtweite des Gefängnisses. Kahvi wartete zu Bones' Erstaunen bereits in hüfttiefem Wasser; sie klammerte sich an das ungefähr stromlinienförmige Brett, und der Eingeborene schwenkte augenblicklich nach Osten um.

Sie sah sich mehrmals um, mußte sich aber in erster Linie auf das Festhalten konzentrieren; das Boot wurde gelegentlich von den Wellen hin und her geworfen. Sie wunderte sich, daß die Kinder das geschafft hatten – Bones war doch sicher mit ihnen nicht so schnell gefahren! Aber keine Sorge, sagte sie sich; es war nicht die Rede davon gewesen, daß eines verlorengegangen war, und Bones hatte gesagt, daß sie – eindeutig in der Mehrzahl – in Kupfer und in Sicherheit wären.

Aber an beiden Enden ihrer Reise standen Sorgen. Ob die Kinder irgend etwas Gefährliches angestellt hatten? Ihrer eigenen Tochter konnte sie vertrauen, aber sie kannte die anderen nicht besonders gut. Und was geschah mit Earrin, der immer noch in der Hand der Hillers war? Sie sah sich noch einmal um und schnappte nach Luft.

Vom Depot – es schien zumindest das Depot zu sein – stieg Rauch auf. Ihre Augen und das Maskenfenster waren nicht gut genug, um sicherzugehen. Es mußte Rauch sein; der Himmel war unbewölkt, und es stieg eindeutig nach oben. Was war passiert? War Earrin in Sicherheit? Sie strengte ihre Augen an, konnte aber weiter nichts ausmachen, und das Boot zog sie von der Szene weg. Sollte sie umkehren? Was würde mit den Kindern geschehen, wenn sie es tat? Vielleicht konnte Bones mehr erkennen, und ihr sagen, was vor sich ging.

Sie riß mehrmals an den Halteleinen, aber das Wasser war viel zu unruhig, als daß der Beobachter einen Zug an dem Seil von einem anderen unterscheiden konnte, und er schwamm unter Wasser. Die Kantonküste und der Rauch verschwanden langsam hinter ihr und waren schließlich überhaupt nicht mehr zu erkennen, als sich die Blue Hill Halbinsel dazwischenschob. Kahvi zwang sich, nach vorn zu blicken.

Den Kindern war nichts passiert. Nach einem flüchtigen Blick machte Kahvi das erleichtert dem Beobachter klar. Bones wollte gerade ins Wasser springen, um zur Kantonküste zurückzukehren; sie konnte ihn kaum noch aufhalten.

»Was ist denn noch?« fragte der Beobachter. »Ich kann viel schneller zurückschwimmen, wenn ich allein bin, und euch Neuigkeiten bringen.«

»Aber du würdest nicht feststellen können, was Earrin zugestoßen ist! Diese jungen Monster sagten, daß sie ihn umbringen würden, wenn irgend etwas schiefgeht, und jetzt ist offenbar etwas schiefgegangen. Sie könnten mich oder ihn für die Ursache des Brandes verantwortlich machen.«

»Willst du mit mir zurückgehen und diese Kleinen hier allein lassen?«

»Ja! – Nein – ich weiß nicht – die Kinder könnten immer noch –«

»Dein Ehemann kann wahrscheinlich ohne dich besser auf sich aufpassen, als diese Kleinen es können.«

»Das glaube ich auch, aber ich weiß doch nicht . . . ich bin . . . schau«, Kahvi kämpfte gewaltsam ihre Gefühle nieder. »Ich kann ein Boot nehmen und die Kinder das andere. Sie werden mit uns kommen. Wir werden nicht allzuviel Zeit dabei verlieren; es sind nur ein paar Kilometer.«

Bones dachte an verschiedene Einwände, aber seine Neugier gegenüber der menschlichen Psychologie überwog. Zehn Minuten später waren die Frau, die drei Kinder und ein Vorrat an Patronen und Nahrung auf dem großen Boot, das für ihre Zwecke ausreichte, und die Gruppe war so schnell unterwegs, wie Bones sie westwärts ziehen konnte. Kahvi erklärte den Kindern die Situation, und alle blickten furchtsam oder wütend nach vorne, in Erwartung des Moments, in dem Kanton hinter der großen Halbinsel erscheinen würde.

Als es soweit war, war der Anblick wenig ermutigend. Der Rauch stieg immer noch auf. Danna wimmerte entsetzt, und die älteren Kinder waren nicht viel besser dran; auch ihre Eltern waren dort. Kahvi hätte sie gern ein wenig aufgemuntert, aber ihr fiel nichts ein, was ihnen ein wenig Trost hätte spenden können. Sie konnten nur hinsehen und hoffen, während sie näher kamen und die Szene deutlicher wurde.

Es war unübersehbar, noch bevor sie am Floß waren, daß das neue Gebäude verschwunden war. Der Rauch stand noch über den Trümmern. Das Floß schien unbeschädigt zu sein, und es war auch unwahrscheinlich, daß einer der Gefangenen in dem Labor gewesen war. Danna blickte ängstlich zur Quelle des Rauches, aber ihre Mutter konzentrierte sich auf die Menschen, die dort standen. Es waren viel mehr als bei ihrer Abreise. Sie hatte kaum eine Stunde zuvor auf das Boot gewartet, und zu der Zeit waren die vierzig oder fünfzig Erwachsenen und ihre Gefangenen in der Nähe des Gefängnissses an der Küste verteilt gewesen. Nun waren mindestens zweihundert zu sehen, da war sie sich sicher, obwohl sie sich zuviel hin und her bewegten, um eine genaue Schätzung zu ermöglichen. Gab es wirklich so viele Rebellen gegen den Menschenverstand und die Ordnung?

Nein. Sie konnte jetzt erkennen, daß der größte Teil von denen, die sie sehen konnte, barfuß war, was ein sehr gutes Zeichen war. Das mußten gewöhnliche Hillers sein. Was hatte sie hierhergeführt? Und was war mit den Geiseln? Kahvi versuchte, Gesichter zu identifizieren, als das Boot näher kam, aber hatte keine Bekannten gefunden, als das Boot endlich langsamer war und dann plötzlich gegen die auftauchende Gestalt von Bones stieß. Sie waren nur wenige Meter vom Strand entfernt.

Die Gruppe hatte sie kommen sehen, und die meisten Leute verließen das ersterbende Feuer und verteilten sich am Strand. Kahvi sprang vom Boot und stand bis zu den Schenkeln im Wasser, noch immer nach ihrem Mann suchend. Er war tatsächlich nicht hier. Als sie sich dessen sicher war, drehte sie sich zu Bones um und signalisierte ihm: »Die Kinder bleiben auf dem Boot. Halte sie von diesen Leuten fern, bis ich bestätige, daß alles in Ordnung ist.« Sie wiederholte den Inhalt der Zeichen laut zu den Kindern gewandt und watete dann eher zögernd auf die Menschen am Strand zu.

Plötzlich sah sie Viah und Jonathan, die sich durch die Menge drängten, und rief sie an.

»Euer Sohn ist wohlauf, genau wie die anderen. Wo ist Earrin?« Die beiden sahen sich an, und Viah antwortete schließlich.

»Ich fürchte, er ist verletzt worden. Einige der Verbrecher versuchten ihn aufzuspießen, als der Rest unserer Leute auftauchte. Sie dachten, du wärest über den Hügel gelaufen und hättest sie gerufen. Ich glaube, er wird in Ordnung kommen, aber er hat ein paar böse Schnitte und viel Blut verloren.« Kahvi war an der Küste, bevor Viah zu Ende gesprochen hatte.

»Wo ist er?«

»Im Depot. Die Luft ist immer noch übersättigt – diese jungen Teufel haben den Patronenstoff ausgelassen, und die Sporen arbeiten noch nicht richtig. Es schien uns besser, ihn in der Luft zu lassen, weil er so viel Blut verloren hat.«

Kahvi zuckte zusammen, einen Augenblick lang von den alten Vorurteilen überwältigt, sagte aber nichts. Sie mußte sich der Überzeugungskraft der Vernunft beugen.

Sie lief auf das steinerne Gebäude zu; neben ihr gingen Leute her. Die meisten von ihnen schwiegen; sie hatten nie zuvor einen Nomaden gesehen. Die konventionelleren, engstirnigen unter ihnen wußten nicht, was man zu solch einem Fremden sagen sollte, der zudem offensichtlich schwanger war. In den weiter entfernten Reihen gab es einiges Getuschel, aber Kahvi konnte die einzelnen Worte nicht verstehen.

»Ich nehme an, die Verbrecher sind unter Kontrolle«, sagte sie, als Viah und deren Mann an der Schleuse neben ihr auftauchten.

»Ja«, antwortete der Mann. »Als wir und Zhamia und Mort nicht in die Stadt zurückkamen, wurde natürlich ein Suchtrupp losgeschickt. Sie sahen von weitem den Rauch und holten sofort soviel Leute wie möglich zusammen, da sie nicht beurteilen konnten, ob nur das Depot oder das ganze Gebiet brannte. Als die große Gruppe hier ankam, konnten die Verbrecher kaum noch etwas tun, wenn auch ein paar von ihnen meinten, ihr Versprechen über das Töten von Geiseln einzuhalten. Ich weiß nicht, wo sie das herhaben, aber sie redeten von einer ›Sache des Prinzips‹.«

»Haben sie außer Earrin noch jemanden verwundet?«

»Zhamia wurde von einem Speer getroffen, aber nicht so schwer verletzt wie dein Mann. Mort schlug den Burschen mit einem Stein nieder, bevor er seine Absicht durchführen konnte. Genda wurde bewußtlos geschlagen, aber sie ist wieder wach und scheint sich nicht verändert zu haben. Der einzige der anderen Seite, der ernsthaften Schaden davontrug, war derjenige, mit dem sich Mort befaßte. Die anderen waren größtenteils zu vernünftig, um zu kämpfen, und legten ihre Speere nieder.«

»Nachdem sie Earrin niedergestochen hatten.«

»Natürlich.« Kahvi schwieg, dann ging sie in das Gefängnis. »Sag mir nur nicht, wer es war«, sagte sie, als sie die Treppen hinunterstieg. »Ich habe genug Dinge getan, deren ich mich schäme.« Sie tauchte in die Schleuse.

Earrin und die übrigen Verwundeten, Genda ausgenommen, lagen auf dem Boden, sorgfältig bandagiert. Ihr Mann war extrem bleich, aber bei Bewußtsein und lächelte, als Kahvi hereinkam. Die Luft ignorierend, nahm sie die Maske ab, kniete nieder und küßte ihn.

»Bist du wirklich in Ordnung?« sagte sie, als sie wieder sprechen konnte. Die Ehrlichkeit des Nomaden bestimmte die Antwort.

»Nein, ich bin ganz schön aufgeschnitten worden«, gab er zu. »Ich habe trotzdem den Eindruck, noch am Leben zu sein. Es wird eine Weile dauern, bevor ich wieder rudern und ein Floß befestigen kann, befürchte ich.« Er berührte seine linke Seite, wo ein gläserner Speer mehrere Muskeln unterhalb der Rippen durchtrennt hatte. Sein Arm und sein Bein auf der gleichen Seite waren ebenfalls bandagiert. »Ja, es schmerzt ziemlich, also halte dich zurück. Der Kuß hat Spaß gemacht, aber alle anderen guten Dinge sollten wir uns sparen.«

»Zumindesten sind unsere Sorgen jetzt vorbei«, sagte sie. »Diese Verbrecher, die denken, daß Regeln nur dazu da sind, um sie von ihren eigenen Vergnügungen abzuhalten . . .«

»Das ist nicht fair«, meinte Earrin. »Sie sind Kinder, die nicht die Dinge glauben wollten, die du und ich schon seit langer Zeit nicht mehr akzeptieren. Vor sieben Jahren hätte Genda dich in ihre Klasse gesteckt.«

»Das hat sie ja vor sieben Jahren getan, die alte Hexe. Ich fragte mich schon, wann sie mich erkennen würde, aber sie hat mich ja nie ohne Maske gesehen, diese – Wissenschaftlerin.«

»Benutze das Wort Wissenschaft nicht als Schimpfwort. Das verwirrt dein Urteilsvermögen. Ja, wenn Danna in Ordnung ist, und davon gehe ich aus, sonst wärst du nicht hier, dann scheint der ganze Ärger vorbei zu sein. Natürlich haben wir keine Lieferungen an Glas und ähnlichen Dingen mehr; wir werden uns etwas ausdenken müssen, was die braven Hillers von uns kaufen – oder willst du lieber eine Weile in Milton oder Kupfer bleiben und von dem leben, was wir selbst anbauen und ernten können?«

»Einiges spricht dafür«, gab sie zu, »zumindest in den nächsten Monaten. Trotzdem macht es mehr Spaß, herumzuziehen und zusammen mit Bones neue Dinge zu lernen, und es ist wohl auch besser für Danna.«

»Gut, da hast du recht. Wir brauchen uns zumindesten noch nicht niederzulassen. Sag mal, wo ist Genda? Ich dachte, sie wäre in dem Handgemenge ebenfalls verwundet worden.«

»Nicht stark genug, leider – entschuldige.« Zhamia klang nicht wirklich so, als bedauerte sie es. »Sie wurde auf den Kopf geschlagen, scheint es aber überwunden zu haben. Sie ist hinausgegangen; es gibt Arbeit für sie.«

»Oh?« erklangen Kahvis und Earrins Stimme gleichzeitig.

»Sie ist mit einem Trupp nach Hemenway unterwegs, um dieses Labor zu säubern, wenn ihr das Wort entschuldigt. Ich schätze, das macht euch nichts aus.«

»Sie mag die Idee nicht, daß man im Freien ohne Schutz herumlaufen kann?«

»Du denn?« fragte Kahvi in einem Ton, den Earrin hätte erkennen müssen.

»Ich muß zugeben, daß es einige Gewöhnung erfordern würde«, sagte er langsam. »Es würde uns eine Menge Zeit für andere Dinge lassen. Denk doch nur . . .«

»Ich habe nachgedacht«, sagte Kahvi fest. »Erstens würde es nicht klappen. Ich kann mir nicht vorstellen, daß etwas, was diese Teufel entworfen haben, wirklich funktionieren kann. Sie nehmen immer den einfachsten Weg, ganz egal, wer dabei verletzt wird; und als einer der Leute, die verletzt wurden, und als Mutter einer weiteren, muß ich sagen, daß mich ihre Pläne wenig beeindrucken. Ich weiß einiges über ökologisches Gleichgewicht und die Vermehrungsrate von Organismen, die keine natürlichen Feinde haben, aber ich glaube nicht, daß diese nittratreduzierenden Sporen Erfolg hätten. Sie würden nur das Wachstum der Nitratproduzenten erhöhen. Diese Art der gegenseitigen Beeinflussung kennt jeder. Ich gebe zu, daß Genda eine verrückte Frau ist, aber in diesem einen Punkt geben ich ihr recht.«

»Sag das Bones. Vielleicht wird er ihr auch helfen«, schlug Earrin vor.

»Du machst Witze, aber das werde ich tun. Ich habe den Eindruck, daß dir die Idee immer noch gefällt, du dummer . . .« Earrin unterbrach sie, indem er seinen gesunden Arm hob.

»Ich halte es für eine interessante Idee, aber traue mir doch ein wenig gesunden Menschenverstand zu«, sagte er sanft. »Nun geh zu Bones und sag es ihm und schick ihn hinterher hier herein, ja? Ich bin sicher, daß ihn die menschliche Physiologie, wie sie diese Speere an mir offengelegt haben, interessieren wird. Er wird sie wohl mit den Wunden vergleichen wollen, die er und sein Partner davongetragen haben.«

»Aber haben sie den anderen nicht geötet?« fragte Zhamia.

»Das bezweifele ich. Ich werde Bones fragen, wenn er kommt. Geh schon, Kahvi; du weißt, daß ich bloß Spaß gemacht habe. Selbst wenn es funktionieren sollte, sind die Risiken bei einem Plan, wie ihn diese Jungen ausgearbeitet haben, viel zu groß. Wegen mir selbst würde ich das Risiko eingehen, aber da ist Danna, und da ist unser nächstes. Wir werden kaum noch am Leben sein, um uns Sorgen zu machen. Du bist schon fünfundzwanzig und ich noch ein Jahr älter. Bevor du gehst – weißt du, was das Feuer verursacht hat? Ich dachte, es wäre Genda gewesen, die wieder einmal dem Ruf ihres Gewissens folgte.«

Mort lachte kurz.

»Einmal darfst du raten«, kicherte er. »Dasselbe, was dem ersten Labor passierte, geschah auch hier. Respekt vor den Kindern, Kahvi, einer von ihnen hat es noch herausgefunden, bevor wir sie festgesetzt haben. Ich fürchte, daß du ihnen kaum noch Glas verkauft hättest, Earrin. Die Fensterscheiben sind nicht absolut glatt, weiß du. Sie konzentrieren die Sonneneinstrahlung hier und dort. Pflanzen in dem Labor, einige von ihnen vom Stickstofftyp, in einer reinen Sauerstoffatmosphäre – nun ja, ich finde es überraschend, daß das andere Labor so lange gehalten hat. Eine von ihnen war diesmal im Gebäude und sah, wie es sich entzündete. Sie hatte Glück, daß sie die anderen rechtzeitig warnen konnte. Ein kleiner Anfang, aber das dicke Ende war nicht mehr zu verhindern. Sie kam schreiend aus der Luftschleuse und versuchte zu sagen, was passiert war, aber niemand konnte etwas tun, als das ganze Gebäude in Flammen aufging. Vielleicht wird das sie lehren, wie man mit freiem Sauerstoff umzugehen hat. Ihnen fehlte einfach die instinktive Vorsicht beim Umgang mit dem Zeug!«

Kahvi kicherte ebenfalls. »Nun, vielleicht werden sie jetzt anfangen, die Regeln zu begreifen, auch wenn das etwas zu spät kommen wird, wenn man Genda ihren Willen läßt.«

»Vielleicht«, stimmte Earrin zu. »Geh jetzt und erzähle Bones die ganze Geschichte. Ich sehe nicht, wie er sich das alles selbst zusammenreimen soll, und du weißt, wie unglücklich es ihn macht, wenn er etwas nicht verstehen kann.«

»Richtig. Ich werde ihm sagen, daß die Kinder endlich an Land kommen sollen. Ich sehe dich bald wieder; vielleicht kommst du bald wieder aus dieser schrecklichen Luft heraus.«

Earrin lächelte leise, als seine Frau in der Luftschleuse verschwand.

*

Bones sah ein paar Minuten zu, wie die Hillers sich langsam in kleinen Gruppen sammelten und den Heimweg antraten. Die beiden Familien, deren Kinder bedroht worden waren, blieben noch im Gefängnis, um sich um ihre verletzten Verwandten zu kümmern. Die jungen Verbrecher, passiv, aber noch nicht vollkommen resigniert, gingen in Begleitung ihrer Eltern zurück. Es würde interessant sein sehen zu, wie sich diese unabhängingen Geister in den nächsten Jahren entwickeln und formen würden.

Aber es gab noch Arbeit zu tun. Der Beobachter glitt ins Wasser und schwamm eilig zu der Stelle, an der er die andere Einheit zurückgelassen hatte. Er würde ihn jetzt brauchen, und die Ableger, die sie beide in Kürze produzieren würden, würden sie auch gemeinsam untersuchen müssen, für den unwahrscheinlichen Fall, daß sie sich als brauchbare Kopien erweisen sollten.

Die verletzte Einheit war noch an derselben Stelle, an der sie zurückgelassen worden war, sie bewegte sich langsam in den Büscheln Pflanzen hin und her, sich ab und zu einen Mundvoll abreißend. Bones empfand so etwas wie Mitleid; an einem Platz zu verharren, ohne das Geringste lernen zu können, wie es in dem Depot von Hemenway geschehen war, schien eine schreckliche Erfahrung zu sein. Es war nicht überraschend, daß die kleinere Einheit, als sie die Ankunft des anderen bemerkte, zeigte, wie schnell sie schwimmen konnte. Das Paar umarmte sich kurz, dann verließen sie das Feld und schwammen mit Höchstgeschwindigkeit nach Süden.

Im Süden lag die Küste, die Hemenway am nächsten war. Sie mußten sich beeilen, um vor den menschlichen Vandalen da zu sein. Sie mußten das Labor der »Verbrecher« erreichen, bevor es zerstört wurde und seine Inhalte verlorengingen. Sie wußten, was sie retten mußten; Kahvi hatte es ihnen gesagt. Sie wußten auch, warum sie es retten sollten; indirekt hatte Earrin es ihnen klargemacht. An den Weg erinnerten sie sich.

Selbst wenn man sah, wie sie an Land gingen, würde es nichts ausmachen; sie bewegten sich bedeutend schneller als Menschen. Niemand, der sie sehen würde, würde wissen, was sie vorhatten, bis es zu spät war.

Und wenn die Kultur mit den Reduzenten erst einmal in Sicherheit war, würden sie sich verstecken. Ihre Ableger würden wachsen, sich abtrennen und entweder die Erinnerung, das Wissen erhalten oder sicherheitshalber aufgegessen werden; und während das geschah, würden die Kulturen wachsen. Schließlich würden sie groß genug sein, um als Saatgut dienen zu können, und sie würden sie über die Erde verstreuen.

Eine Welt mit einer Sauerstoffatmosphäre war selbst dann interessant, wenn ihre Existenz und ihre Beschaffenheit nur vermutet werden konnte. Etwas vollkommen Neues konnte dann beobachtet werden, und die neuen Dinge, die sie entdecken und erforschen konnten, würden kein Ende nehmen.

Schneller, als menschliche Gedanken ihnen hätten folgen können, durchpflügten die beiden Einheiten das Meer.

ENDE

ÜBER DEN AUTOR

Der unter seinem Pseudonym Hal Clement bekannt gewordene Autor Harry Clement Stubbs gehört zum Kreis der streng wissenschaftlichen SF-Autoren. 1922 in Somerville, Massachusetts geboren, studierte er an den Universitäten von Boston und Harvard Chemie, Astronomie und Erziehungswissenschaften. Dieser naturwissenschaftliche Background ermöglichte es ihm, seine erste SF-Story, »Proof« (1942), im Magazin *Astounding* unterzubringen. Clement, für den die Schriftstellerei eine reine Freizeitbeschäftigung ist, machte sich danach schon bald einen Namen als technisch-wissenschaftlich orientierter Autor, der für seine Romane sorgfältige Recherchen betreibt und mit wissenschaftlichen Erkenntnissen und Thesen operiert, die jeglicher Überprüfung standhalten. Trotzdem lesen sich seine Romane niemals wie trockene wissenschaftliche Abhandlungen, da er Fakten und Fiction in meisterhafter Weise zu verschmelzen weiß.

Seinen Ruhm begründete Clement mit dem Roman *Mission of Gravity* (»Unternehmen Schwerkraft«, München 1968, Heyne 3121), der Geschichte um einen Planeten mit ungeheurer Schwerkraft. Hier gelang es ihm, eine völlig fremdartige Welt mit widrigsten Lebensbedingungen zu schildern und den Leser diese Welt aus der Sicht eines Aliens erleben zu lassen.

The Nitrogen Fix (»In der Stickstoff-Klemme«) ist der jüngste Roman Hal Clements, und auch hier steht eine fremdartige Welt im Mittelpunkt, auf der andere Gesetzmäßigkeiten herrschen. Nur ist es diesmal die Erde, deren fremde Zukunft Clement beschreibt, indem er sich heute bereits abzeichnende Entwicklungen extrapoliert und eine fiktive Wirklichkeit beschreibt, die man als erschreckend realistisch empfindet.

Iceworld (»Eiswelt«), ein wichtiger Roman aus dem Frühwerk Clements, erscheint in Kürze ebenfalls in einer Reihe.